U0166717

大自然探索
精品书系 01

节气家书

共读大自然的一年

沈家智 著

四川科学技术出版社

图书在版编目（CIP）数据

节气家书 / 沈家智著．-- 成都：四川科学技术出版社，2018.11（2023.2 重印）
（大自然探索精品书系）
ISBN 978-7-5364-9256-1

Ⅰ．①节… Ⅱ．①沈… Ⅲ．①二十四节气 - 普及读物Ⅳ．①P462-49

中国版本图书馆 CIP 数据核字 (2018) 第 244157 号

节气家书

JIEQI JIASHU

沈家智 著

出 品 人	程佳月		
项目策划	甄　珍	封面设计	向　婷
责任编辑	张湉湉	版式设计	向　婷
责任出版	欧晓春	特约插画	白弯弯　代承谦　Jota
出版发行	四川科学技术出版社		
官方微博	http://weibo.com/sckjcbs	官方微信公众号	sckjcbs
地　　址	成都市锦江区三色路 238 号	邮　　编	610023
印　　刷	成都市金雅迪彩色印刷有限公司		
开　　本	889毫米×1194毫米 1/16	印　　张	13.5
版　　次	2019 年 1 月第 1 版	插　　页	4
印　　次	2023 年 2 月第 3 次印刷	字　　数	280千字
定　　价	68.00元		

选题产品策划机构	杭州二更网络科技有限公司		
电　　话	0571-86979689	传　　真	0571-86979680
地　　址	浙江省杭州市西湖区龙头坝街公元里16幢	邮　　编	310018

ISBN 978-7-5364-9256-1

作者的话

我已多年未收到书信了，家书往来更是十余年前的事。有时候，我有点怀念旧的日子——电子科技还没有席卷人类社会，一本日记，一页信笺，一个写给自己，一个写给别人，都收藏着我们所经历的岁月，收藏着活在那段岁月里的人、事与情感。

我们想一个人了，尚可以诉诸纸墨，鸿雁往来；或者只安静地等待，知道总会有一纸素笺被收在暗黄的信封里，躺在邮递员绿色的包裹里，辗转来到身边。光阴再也回不到那样的岁月了，但我会永远记住那段躲在桃树下偷偷读信的时光。

秦少游思念远客了，他说，“未知安否，一晌无消息”，我一直认为，这是真正的思念。我想知道你的消息，想知道你过得好不好，这只是浅浅的相思；真正深沉的想念是，我愿意一直等待。不似今日，太容易联系到彼此，故而失去了等的耐心。

我给我的孩子们写这二十四封信，是想让他们用过日子的心来读我给他们的文字。这一写一读，便是一岁的光阴。

桐桐是谁？这个问题很多人都有疑问。其实他不是某一个人，而是我的一些学生，是一群四岁到十四岁的孩子。他们视我为长辈，我视他们如子侄，更多时候，我们是忘年之交。我常年生活在杭州，而他们散落各地。我有一门自然教育的课程，是带着孩子走读自然，既读经讲史，也讲鸟兽草木。每到开课的时候，他们便纷纷赶来，聚首三五日，结束后又各自归去，唯有遥思。

一年四季，周而复始，如此已六年矣。

小的孩子慢慢长大，又不断有更小的孩子加入进来，我的身边围满了人，心里也生满了幸福。如果说每个人必须有梦想，那我的梦想就是做一个守在自然里的教书先生，等我老了，孩子们来看我，他们还会想起我写给他们的二十四封信，该多美好。

和这些孩子在一起的时候，大多都是美好的场景，因为我坚信，教育就应该是这个世上最美好的事情。有一年春课，带他们去大山里，在临时布置的教室门口，我郑重地贴上一联诗：

儿童不知春
问草何故绿

这是清代才子袁枚的句子。丰子恺以古诗为题材，画过许多小画，其中就有这联。这联诗用字很浅，却极有场景。儿童不知道春天到了，但他却看见大地换了颜色，已绿草如茵，这是孩子对自然的感受。

在天地间行走，自然总是以各种方式告诉我们节令更替，比如布谷鸟叫，是谷雨时节到了；比如苦楝花开，是春末夏始；再比如“蒹葭苍苍，白露为霜”，秋就开始深了。孩提时代的观察力与童心童趣是一个人最宝贵的财富，也是最容易失去的宝贝。我总想让他们多保留一些孩子气，即便暂时不知道万物的名字，却依旧爱着万物，享受着生活。在这世上，还有什么比心里装满了爱与享受更宝贵呢？

再一个，我希望孩子的童年要有梦。这些年，我去过许多城市，梦却一直遗落在故乡的山脚，故而这么多年来风尘仆仆，步履所往皆是山河故地，一是带着一群孩子去山水间做美好的童梦，二是寻我自己的旧梦。

旧梦重鸳，亦是一梦。

在山水间，我给他们讲自然，教他们多识鸟兽草木之名；也给他们讲文化，讲那个藏在字后面的世界。总想让这些孩子透过一瓣花、一片叶，能看见天地浩渺，能看见周唐汉秦；反过来，面对一个字、一幅画，我期待他们能看见文化在自然中存在的样子。

古人说，读万卷书，行万里路，也是这个道理。然而世间事，知易行难，微渺如我，也只能尽己绵薄，陪我的那些孩子们去走这一小截路——路虽短，却也山一程、水一程、花柳一程。我们读书，也嬉耍，且歌且行，于彼于我，皆难忘记。

我花了一年的时间把这些美好、用文字记录了下来，是送给他们的礼物，也送给孩子气的成年人。

家智

2018 年 9 月 30 日

目录

启始

春

夏

秋

冬

四季游戏

启始

冬至

小寒

大寒

冬至

12.22/前后

以前读书的孩童，除了背数九歌，冬至这一天还要在墙上贴下“九九消寒图”：一幅双钩描红的书法帖子。帖子上是一句诗,“亭前垂柳珍重待春风”，均为繁体。九字每字九划。从冬至开始每日一划，每过一九填好一个字，直到九九之后帖子描完便可下冬衣，春回大地了。

冬至

桐桐：

见字如面！

前天去菩提谷勘察线路，我花了一天时间把冬令营五天的山给爬完了，回来后双腿不听使唤，下楼时颤颤巍巍。

中午吃饭的间隙，和主人站在老房子前面对着莽莽群山闲聊。他说,昨天有云海,九点方才散去。他又说，前一阵子下冻雨,树梢上都结着冰,整片山谷白茫茫的，下雪一般。这让我想起了小时候的冬天，茅舍村店，老树昏鸦，还有屋檐上结着的冰溜子。我问，冬天屋檐上会结冰么。答曰 :“会！”

我不见冰溜子挂在屋檐下已经好多年了。

一是现在住在城里，难以见到屋檐 ；二是总遇见暖冬，都冬至了，还是小阳春的样子。虽怕冷，但我还是喜欢四季分明，不用依赖植物去看季候轮转，让身体告诉我，这个冬天已经走到了深处。

小时候住在山沟里，临山皆是民舍，青砖黛瓦，高高的马头墙，是江南山区典型的房屋制式。逢着冬雨，白日里，流水从瓦沟流下，在墙角汇聚成凹;到了寒夜，冻水成冰，屋檐上挂满晶莹的冰溜子，早晨的太阳洒上

·菊花

去，反射出的莹光都是冷的。

那是一段呵气成冰的日子，极冷，也极美丽，是我童年的回忆。

后来到了县城，看见了大户人家，屋檐上有瓦当，也有滴水。滴水这名字取得真好，真的就像一粒粒水滴挂在檐上，水从瓦沟流出，顺着滴水瓦泻下来，很有些味道。上面又雕刻着草木纹饰或者兽头，和村居的茅茨土阶有着明显的不同。到了冬天，冰溜子就和滴水瓦结在一起，现在想想，真是艺术品。

桐桐，二十四节气行到冬至就真的开始冷了。“至”是极的意思，夏至和冬至分别是夏、冬日长的重要节点，到了冬至这一天，昼最短，夜最长，是阴阳交割的日子。再过几十天，小寒、大寒也悄悄溜走，又将是新的轮回。

冬至还是进九的日子。桐桐，你是背过“数九歌”的——“一九二九不出手，三九四九冰上走，五九六九，沿河看柳，七九河开，八九雁来，九九加一九，耕牛遍地走。”以前读书的孩童，除了背数九歌，冬至这一天还要在墙上贴下“九九消寒图”：一幅双钩描红的书法帖子，帖子上是一句诗，“亭前垂柳珍重待春风”，均为繁体。九字每字九划。从冬至开始每日一划，每过一九填好一个字，直到九九之后帖子描完便可脱下冬衣，春回大地了。

冬至既是节气又是节日，所有节气里，它是最早被制定的一个。其起源于著名的“周公测景”。武王伐纣功成后，欲定都洛邑 [yì]。周人是极讲究的，所谓“惟王建国，辨方正位……以为民极”[①]，周公始用土圭法测影，其实是在为都城选址。后来在洛邑测得天下之中的位置，定此为土中。

顺带着，周公选取“日影”最长的一天，为新的一年开始的日子，这一天就是冬至。

由周到秦，以冬至日当作岁首一直不变，至汉代依然，百官是要“贺冬”的。直到唐宋，它也是和除夕并重。《东京梦华录》[②]这样写道：

> 十一月冬至。京师最重此节，虽至贫者，一年之间，积累假借，至此日更易新衣，备办饮食，享祀先祖。官放关扑，庆祝往来，一如年节。

桐桐，时过境迁，很多节庆都淡掉了，但冬至依然很重。尤其在杭州，冬至祭祖，给坟头加一把御寒的草，是子孙当为祖宗做的很重要的事情。

前几天逛杭州的石桥路花市，花店多见菊花，黄白二色，极醒目。一连走了几家店，实在忍不住了，就问老板，什么时候开始流行菊花的。老板一边给菊花喷水，一边白了我一眼，曰：“冬至。”

言简意赅的回答，有时候最能表达一个人的情绪。

过了冬至，文人就要窝在书房里猫冬。长歌醉饮，梅雪煮茶，是读书画画的日子，也是玩物的日子。我无

① 出自《周礼》。

② 出自《东京梦华录》，作者是宋代孟元老。

·玉兰

物可玩，便只能与草木为伴了。

前几天去三台山看朋友，他住着一幢三层的小楼，有院子，曲水流觞 [shāng]，很有些意境。院子取名“鸿麓 [lù] 草堂”，周围也真的多有草木，我喜欢这种环境。二楼茶室喝茶，案上斜斜地插着一枝未开的玉兰，虽无花，却有着离春不远的味道。

茶后去吃饭，一转院角，就真的发现了一树玉兰，叶子落尽，花苞个个挺立着，长满枝头。前人称玉兰为“望春”，或者是“木笔”，此时观之，恰如其分。

木笔写春秋，真草木雅事也！

玉兰无叶，南天竹却是叶红果赤。

汪曾祺先生一生酷爱植物，他在散文《岁朝清供》中这样描写他与南天竹的相见：

在安徽黟 [yī] 县参观古民居，几乎家家都有两三丛天竹。有一家有一棵天竹，结了那么多果子，简直是岂有此理！而且颜色是正红——一般天竹果都偏一点紫。我驻足看了半天，已经走出门了，又回去看了一会。

可能是视觉上的差异，我在杭州见到的天竹果都偏一点黑。不管是黑是紫，都难以见到汪先生所说的“正红”。今年我去了安徽歙 [shè] 县，也去了黟县，看了许多古宅。古宅中果然多种了南天竹，然而均无正红。倒是在菩提谷的山上，野树丛中一棵南天竹，色如南红，饱满如珠，很惊艳。南天竹生于此，当是鸟儿播的种。

先前文人画画，岁之朝时，必有蜡梅、水仙、天竹果，以为清供。隆冬风厉，百卉凋残，晴窗坐对，眼目增明，是岁朝乐事。

在《庄子·天地》中有一个典故，叫“华封三祝”，讲的是华封人祝尧“多福多寿多男子”。后来被转化成一幅传统的吉祥图，图上画的就是三种植物——南天竹、牡丹和水仙。这种画多了，也开始出现石榴、佛手、苍松、山石之类的，但不变的是南天竹，既取“竹”与“祝”谐音之妙，也因其在民间有驱灾辟邪的意思。

我所知道的，在赣 [gàn] 南山区，每逢婚娶，挑嫁妆的箩筐上都要盖上南天竹的叶子，大概也是取消灾之意。日本也有个习俗与此类似，婚丧喜庆之时，会给邻居送红豆饭，上覆南天竹叶。这样的食盒，想想也漂亮。

需要提醒的是，南天竹的果实红艳诱人，但和叶子一样，具有一定毒性。虽其不能食用，不过偶尔出门，捡一枝回去插瓶倒是很好，即便果子落尽，小瓶中插着一枝干的果序，也有味道。

天竹果可插，蜡梅也可插。

杭州比较有名的是七星古梅，在灵峰上的掬月亭附近，系清朝僧人所植，尚存七株。但一般花期都要到春节前后，今年还没去过，不知道怎样。

三台山的蜡梅已经开了，这是我今年见到的第一波蜡梅花，时间是 12 月 16 日。叶子还很茂盛，绿的黄的

·南天竹

杂在一起，正是季相变化中最美丽的时期，果子也还在枝头，像一个个精心烧制的花瓶。

桐桐，这些都是冬至的雅事。我絮絮叨叨地说给你听，希望你也喜欢。天冷了，你的书桌上也该摆上一瓶花，写作业累了可以看一看，心情会明亮许多。

即问

安好！

家智

冬至

小寒

01.05／前后

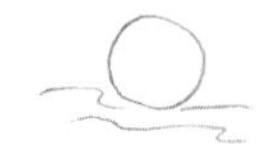

在自然里，不论是高宅府第，抑或草窝茅棚，阳光都是一样沐浴，它没有分别心，能无私地爱着这世间人和世间万物。

小寒

走过长夜，才知光的可贵
它是希望，能温暖寒冬

桐桐：

见字如面！

江南最冷的时节到了，又是冬雨，又是寒潮，我坐在山巅 [diān] 的阁楼里给你写信，帘外寒风呜咽，冷到了骨子里。每每这时，我总怀念儿时的火塘，也想念北方的大炕，灶火生起，满屋子都是暖的，可读书，可聚酒，可看窗外飞大雪，苍山白了头。这些在江南都没有，这里有的只是湿冷，或者空调的干涩。

我在这座山上断断续续住了一个多月，写完这封信，明日醒来便要下山了。初来时，秋色正好，红豆杉的果子红红的，挂在枝头上，我站在树下看古村，挑柴的老人用土话对我说，可以尝尝。丽水话难懂，他努力又说了几遍我方明白。吃了两粒，很甜，有糯米的味道。

村子很老，皆泥墙黛瓦，依山而建，村外是梯田，再外又是连绵群山。李煜 [yù] 有一阕 [què]《长相思》，写的大概便是那个季节的风景，辞曰：

一重山，两重山。山远天高烟水寒，相思枫叶丹。

·红豆杉

我总站在村口的平台上看远山，山色黄了一阵，又红了一阵，几场雨后，枫香、乌桕还有落羽杉的叶子都落尽了，冬天也就过了大半。山寒水瘦，天地苍茫，这个世界一片素净。

村子里人不多了，只余几十个老人和两三个不会说话的孩童。天晴的日子，他们聚在泥墙下晒太阳，说着我听不懂的话,偶尔放声大笑,引得我放下书去看他们。

晒太阳真是中国流传了几千年的好风俗。我小时候，隔壁有个王姓的大爷，是乡间的热闹人，能唱花鼓戏，也能说全本的《隋唐演义》。我在路上撞见他，要停下来恭敬地喊一声“爷”，这是乡下孩子的教养。他老了之后，就特别喜欢晒太阳。冬天的早晨，我刚起床他就已经背着一捆柴从山上下来了，踩着厚厚的霜，一路嘎吱嘎吱的，沧桑的调子在炊烟间回荡：“李世民双拳兴大唐，徐茂公左手算阴阳。老杨林三败秦叔宝，小罗成善用回马枪……”

用罢了早饭，他就不出工了，一手拿着一尺长的竹根老烟袋，一手端着白瓷的景德茶杯，谁家门口热闹，就去谁家晒太阳。到了中午，小辈总会留他吃饭，故而太阳可晒一整天。后来他走了，坟茔就造在南山上，能晒到冬天的日头。

喜欢晒太阳的还有一个人，白居易。他读过书，说话文雅，管晒太阳叫“负暄”。“暄”字从日，有温暖的意思，“负暄”，就是把温暖背在背上，可不就是晒太阳么？白居易晒太阳晒得高兴了，就写了首《负冬日》，很有意思，其中有这样几句，我读给你听：

杲杲冬日出，照我屋南隅。

负暄闭目坐，和气生肌肤。

桐桐你看，这哪里是大诗人，俨然就是一个农村老头，正笼着袖子背南而坐，怡然自得。在自然里，不论是高宅府第，抑或草窝茅棚，阳光都是一样沐浴，它没有分别心，都无私地爱着这世间人和万物。

还有一个成语，叫“负暄之献”，是自谦的说法，用以比喻自己所献出的东西并不贵重。这个典故出自《列子·杨朱》，讲的是战国时候，有个宋国的田夫，家徒四壁，只有一件粗麻衣聊以过冬。他熬到了次年春天，脱了麻衣在日头下曝晒，暖意融融，觉得这是天下最舒服的事，就悄悄地谓其妻曰：“负日之暄，人莫知之，以献吾君。”

什么意思呢，是说晒太阳竟能让人这般舒服，大概世上的人还不知道，我得赶紧告诉国君，让他也晒晒太阳，可别冻坏了。宋人盲目，却不知国君已有广厦隩 [yù] 室，绵纩 [kuàng] 狐貉 [háo]，徒有其忠也。

桐桐，今天已是小寒了，寒虽曰小，却是江南最冷的一个节气，是该出去晒晒太阳。

在农历二十四节气中，小寒排在二十三位，也是冬天的第五个节气，标志着深冬季节的开始。对中国大部分地区而言，凛冽的严冬到了，是“三九四九冰上走”的日子。近二十年来，温度真的明显升高了，我小时候的河面总是年年封冻，孩子们抡起石头，远远投到冰面上，“当”的一声脆响，石头弹起来又落下去，滑向冰河的另一边。也有孩子顽皮，把砍柴的柴刀扔过去，力气大的很容易如愿，力气小的便把刀遗留在河面上，前后不着，等着回家吃“竹鞭炒肉”——这是孩子最惧怕的家法。

这个季节还喜欢起大雾。大雾天的温度会高一些，草地上结不了霜，但依旧寒冷。秦观说，“雾失楼台，月迷津渡”[①],是很清冷的场景。我有一年走夜路回家，寒冬大雾，过长长的山谷，一路惶遽［jù］，就像德国诗人赫尔曼·黑塞笔下的场景：“没有一棵树看见另一棵树，棵棵都很孤独。”[②]

在翻过山岭的瞬间，我终于看见了家里的灯火，心安定了下来。桐桐,走过了长夜,我们就知道光的可贵，它是希望，能温暖寒冬。

过了小寒,就要到腊月了,也就是农历十二月。“腊”本是祭礼的名字,《幼学琼林》里说，“秦人岁终祭神曰腊，故至今以十二月为腊。”这种腊祭现在渐渐淡了，以前是极隆盛的，祭土地，祭山神，祭祖师爷，也祭列祖列宗。百姓虔诚，从月首开始，到腊八节祭菩萨，小年祭灶王，一直绵延到除夕祭年，只祈盼天佑神护，万事吉祥。

① 出自《踏莎行·郴州旅舍》，作者秦观是北宋著名词人。

② 出自《雾中》。

百姓用五谷鱼肉祭神，而于文人，一盆清供亦可拜佛。

·紫金牛

桐桐，你是见过很多清供的，一瓶一案，几枝红果而已，却意境全出。小寒时节，南天竹、枸骨、紫珠皆可清供，文人喜欢的还有菖蒲和紫金牛，用汝窑浅盆种着，放在案头可数年不变，极为清雅。

清供之外，亦可赏花。南朝宗懔 [lǐn] 有一部书——《荆楚岁时说》，里面提到了二十四番花信风，指的是自小寒至谷雨共八个气节，每个节气分三候，计二十四候，每候对应一种花开。以草木信约时令，这是古人的雅致。比如楝 [liàn] 花开了，谷雨就要过去了，是初夏的开始，多自然。

小寒也有三候，一候梅花、二候山茶、三候水仙。宗懔是南阳人,也就是今天的河南南阳,小寒时梅花开，这个梅花估计是蜡梅吧。梅花开放总得到立春前后，是春花第一枝。而蜡梅要早些,能伴人经霜冒雪,以度残冬。

我在杭州见过多处的蜡梅，杭州植物园掬月亭旁边有一丛七星古梅，是前清灵峰寺的遗物，原枝干均已枯死，老根犹在，今人所见的是新蘖 [niè][3]的枝条，年年都开许多花，花期也长，能延续到梅花兴盛的时候。掬月亭地势高，游人冲着七星古梅的名气爬上去，一看是黄花，颇为失望。这是不懂行。

③ 蘖是指树木砍去后又长出来的新芽，泛指植物由茎的基部长出的分枝。

虎跑也有两株蜡梅，看完李叔同纪念馆，出后门就可看见，傍着台阶，左右各一株。我有一年去，天下着雨，雨落在花瓣上如结冰一般，晶莹剔透。隔着花可看见屋顶的黑瓦，可看见黑瓦上堆积的枯叶和青苔，万物静默，如禅定后的世界。

这两株蜡梅都不是古木，只是因为挨着李叔同。我当时想，总要收集这树上的种子，也种在院子里。越一年，秋叶黄落，我去虎跑时，果子早已落尽。又等了一年，前一阵子我陪孩子们去虎跑上课，终于如愿了，摘了五六个，剥出了一把种子，很高兴。想起弘一法师在《晚晴集》里的一段话，他说：

> 世界是个回音谷，念念不忘必有回响，你大声喊唱，山谷雷鸣，音传千里，一叠一叠，一浪一浪，彼岸世界都收到了。凡事念念不忘，必有回响。因它在传递你心间的声音，绵绵不绝，遂相印于心。

我小心收藏着这捧蜡梅种子，也许明年，它们就能发出芽来，开枝散叶。桐桐，到那时，我分一株给你。

还有山茶开花，在杭州植物园就可以见到。我最近

在陈寮 [liáo] 山，只能看见茶树开花和油茶花。行走在石板的古道上，油茶掩抑，路上落满了金钱松的红叶和白的油茶花，美得不似凡尘。

明天回去后，我还要刻一盆水仙。每年一盆，都是漳 [zhāng] 州水仙，小寒时刻好，春节就可以开花了。金盏银盘,放在家里有春的味道。桐桐,你也刻一盆吧，希望你的世界有花的影子。

即颂

安好！

家智

小寒

大寒

01.20／前后

大寒临近，腊八、尾牙、除夕便接踵而至，是一年中最有盼头的时候，孩子们盼过年，老人们盼团圆，到处都热热闹闹的。

DAHAN

大寒

年关将至，请神祭神盼团圆

桐桐：

见字如面！

光阴荏苒，葵影移长，你应该到了这学期最繁忙的时候。天色既冷，又要应付期末考，真是辛苦。我听说你已经好几天睡不够了，有时候会烦躁。这是很正常的情绪，人人都有，而且人人都得面对，熬过去了便会感谢自己当时没有放弃。

我近来工作也忙，总往山里跑，白天没时间读书，夜里又冷，便懈怠了。昨天早起去山上考察路线，沿路皆冰冻，四下无人音，我走着走着，脑子里就蹦出了以前读过的一小节古文，是宋濂在《送东阳马生序》里的一段话：

余幼时即嗜学。家贫，无从致书以观，每假借于藏书之家，手自笔录，计日以还。天大寒，砚冰坚，手指不可屈伸，弗之怠。录毕，走送之，不敢稍逾约……

这段话是初中时背诵的，激励了我好些年。昨夜饭罢，念及此，便在冷屋中夜读，渐渐也就不知冷了。桐桐，你比我辛苦些，要面对各个学科的作业，而我只读我爱读和我必须读的东西。你的作业里，本有些是不必做的，我知道你厌烦的是这个。可是呀孩子，在这个娑婆世界，又有什么是不必做的呢？

桐桐，每次在自然里，我们徒步、攀岩、上诗经的课，你都随性豁达，能接受突发的困难，希望你在城市的课堂里也一样，毋[wú]带着情绪去做事。作业总是不断的，它来自来，你努力做便是。尽了人力，便能坦然接受结果。放了寒假就来我这吧，带你去山里做个野孩子，也听你讲学校的事。

从冬至开始给你写信，现在已是大寒，说话儿就到了二十四节气的最后一个，再转眼，就是春打六九头了。古人说，“寒气之逆极，故谓大寒”，它的意思并非是此时最冷，而是说气候到了转折点，接下来就该是大地复苏了。

大寒临近，腊八、尾牙、除夕便接踵而至，是一年中最有盼头的时候，孩子们盼过年，老人们盼团圆，到处都热热闹闹的。

腊八原是起源于中国的腊祭，每逢年末，把祖先和各路神灵都请来，祈求丰收和吉祥。后来佛教传入，腊八又融入了佛家的故事。据说这一天是释迦牟尼成道的日子，后世僧众为纪念他，便在腊月初八广施腊八粥。像在杭州，每年腊八清晨，灵隐一带寺庙都有施粥，百姓争往领取，求的也不是一碗粥，而是想求个平安吉祥的祝福。

·腊八粥

到了腊月十六，就是尾牙祭了，祭祀的是土地爷。北方的孩子可能很少见到土地庙，在南方农村，村口大多有土地庙，通常很小，我见过最大的是在丽水缙 [jìn] 云，有一人高，土地公公和土地婆婆端坐在神座上，慈眉善目，像乡下的长者；也见过最小的，是在我老家的田地里，三块粗粝 [lì] 的石头围出三面，顶上压一块青石板，横竖不过四十厘米，“庙”里也没有神像，真是清简极了。

祭祀土地公公的祭礼叫作牙，这是闽南地区的习俗。一年三祭，二月二龙抬头举行春祭，叫头牙，祈求一年五谷丰登；八月十五再祭一次，叫秋祭，是丰收后的感谢，有还愿的意思；到了腊月十六，就是一年中最后一次祭拜，便是尾牙祭。前两次祭祀不过一刀裱纸，三炷清香，而这一次就要隆重多了，需要三牲四果，还有少不了的白斩鸡。

祭祀礼成，祭品拿回家和长工短工们一起吃掉。因为是尾牙祭的祭品，饭食一般都不错，故而也叫打牙祭。古人说：“一年伙计筹杯酒，万户香烟谢土神。”工人们辛苦了一年，也就这一天吃个团圆饭，接受东家的一杯酒。还有个很有意思的是那只白斩鸡的鸡头，据说鸡头冲着谁，就是东家在暗示他来年不用再来了，可以自行离职。心善的东家总会把鸡头吃掉，让伙计回家过个安稳年。

在我老家，人们也祭土地，但最末尾的一次是在年三十。每年年三十祭祖之前，父亲总是拎着篮子去畈[fàn]里的土地庙，摆盘、烧纸、撒酒、磕头，一步一式和我祖父在世时一样。等我老了，大概也是如此吧。

金边瑞香

大寒时节也有花开，根据二十四番花信风的说法，一候瑞香，二候兰花，三候山矾。这三本植物皆花开严冬，香味悠远。

瑞香我种过多年，适合做盆栽，隆冬时节摆在几架上，晴窗对雪，室内花香，极为应景。它还有个名字，叫沈丁花，是古人对瑞香的描述，沈通沉，因其花香馥郁，有沉香之浓，故而曰沉；再则花型和丁香酷似，故而曰丁，拼在一起便是沉丁花了。

沉丁花去花市可以见到，叶子多有金边，曰金边瑞香，以前是名种，现在极普通了。它还有个兄弟，叫结香，也是瑞香科的，开起花来能香飘十里。它比瑞香常见，在现代也许更有资格来昭示大寒一候的到来。

以前良渚文化村①种结香的地方有好几处，最大的一丛在村民食堂，每年冬天开很盛的花，明晃晃的，极为耀眼。许久没去了，不知道打花苞了没有。前几天路过博物院，水溪旁也种了一丛。那天下雨，白茫茫的花苞低垂着，将开未开，睡意蒙眬，古人称为梦花，或梦冬花，真是形象极了。

民间还有一种说法，在结香上打结能解梦，好梦成真，凶梦化吉。后来不知道怎么流传出结香是中国的爱情花这个说法，它就开始遭殃了，枝上总有乱七八糟的

① 良渚文化村位于杭州市西北部。

结。桐桐，你可以留意下，但不要学，人非草木，怎知草木无情。

结香还有个名字，叫三杈木，这是因为结香每年分枝一次，每枝分出三个小枝，如此成长，节节成三叉状，故又叫“三丫”。

它的叶子在花前凋落，这个季节正值花苞，枝干的基部还能看见少许残叶。再过几天，花就盛开了，头状花序顶生或侧生，嫩黄色，极其娇艳。大寒隆冬，万木萧索，它坚持在院角开着，周边是茶梅，是南天竹的果，它们都是这个冷天的暖色。

·结香

兰花我没种过。比起娇养在温室中的，更喜欢野生兰花，空谷幽兰，遇见是一种缘分。去年春节去祖坟祭扫，曾祖的坟头上长着一株兰花，我看了欣喜。

山矾也是山野的花。白色的花苞一簇簇长在一起，像颗粒饱满的大米，明代人称其为米囊，可惜不能果腹。在宋之前，山矾的名字杂乱，东晋葛洪给它取名为椹[zhèn]，后来以音传讹，书里的栚[zhèn]、郑指的都是它。直到北宋年间，黄庭坚在《山矾花诗序》里给它取了“山矾”这个名字：

江南野中，有一小白花，木高数尺，春开极香，野人号为郑花。王荆公尝欲作诗而陋其名，予请名山矾。野人采郑花以染黄，不借矾而成色，故名山矾。

这里的王荆公就是王安石。除了像黄庭坚文中所写，山矾的叶子可用来做黄色染料，我还听说明清两代有用山矾汁来代替卤水点豆腐的做法，今所罕见。桐桐，我们要多去外面游历，也许会在一个不起眼的山村还能吃上这种难得的东西。

就写到这吧。给你拜个早年。

即请

吉祥！

家智

大寒

春

立春
雨水
惊蛰
春分
清明
谷雨

立春

02.04 / 前后

经石虎山向前，一户老宅的墙角开着一丛迎春花，明晃晃的，是这个季节少有的灿烂。风有信，花不误，它如约而至，按时迎春，让我高兴。

LICHUN

立春

桐桐：

见字如面！

这个月，我一直呆在海拔 600 米的山上给孩子们上课，雪很大，孩子们在山谷里奔跑，雪没过了膝盖。

没课的那两天，我去村里散步，雪后的阳光很好，家家户户都在洒扫庭除、洗晒衣裳，准备过年。村头的老汉正在处理伐下山的松木，粗大的木头被铲去树皮，晒两个太阳就要架到屋梁上，等待阴干；小一些的锯成小段，劈开后码成齐整的柴垛子，是未来一整年的薪火。

路边堆着旧雪，路面却是干净的，在萧条的田野里蜿蜒起伏，一直延伸到村口。人们一边干活，一边注意着从村口走近的行人。逼近年关，各家的孩子也到了归乡的时候。

也有不回来的，托老乡带回了年货和包裹。桐桐，在乡下，仅仅把钱邮回来是不够的，总要给老人、孩子扯几件新衣裳，带几盒外地的香烟和糕点，对老人而言，钱只能自己存着，香烟和糕点却可以在乡邻间分发，他们争的是脸面。

这仿佛是中国乡土社会几千年不变的样子。在以前，中国有一个很特殊的职业，叫信客，他们做的就是

春饼

连接游子与乡村。捎一封书信，带两件衣裳，或者外乡人想吃家里的腊肉了，都可以送到信客那，由他周转。后来城里不仅有了邮政，还有了快递，信客慢慢也就没落了，但并没有消亡。

桐桐，我常在大山里走，中国有太多的地方根本没有快递，邮政也只是送到乡镇，一月送一回。除了电话，老人与儿女的连接还是依赖信客的两地往来。现在的信客已经不是专门的职业，一般都由货运或者客运司机兼着。他们四海为家，带回了全国各地的消息，又把家里的叮咛带出去，城市与乡村，都在他们的两脚之间踩着。

山村空了一年，总算要慢慢热闹起来。孩子与老人也都有了期盼，他们焦灼、欢笑，终于可以掰着指头数日子了。

而日子，一直在流走。大寒终于过去了，今天又开始了新的轮回。桐桐，立春了！

立春是二十四节气的第一个，一元复始，万象更新，是肇 [zhào] 始的日子。春天便是从立春开始的。《群芳谱》说，“立，始建也。”春气始而建立，虽然春风料峭，但毕竟有了暖意，万物也要准备复苏了。自秦代以来，中国就一直以立春作为孟春[1]时节的开始，自官方到民间都极为重视，立春之日迎春也有三千多年历史。

桐桐，二十四节气是根据太阳在黄道的位置划分的，是一门精妙的学问，可以测算出节气交替的精准时间。立春这一时刻到来时，民间有打春的习俗。在乡村

[1] 孟春即是春季的首月。
农历将一年的十二个月，
依次称为：
孟春、仲春、季春，
孟夏、仲夏、季夏，
孟秋、仲秋、季秋，
孟冬、仲冬、季冬。

闾 [lǘ] 里，陋室茅庵，百姓迎春要放一通炮仗，一家炮起，百户声随，此起彼伏颇有声势，山谷外边的爆竹声都能传到屋里来。

春饼是立春最受欢迎的吃食，据传在东晋时代就有，那时候叫春盘，在宋人所著的《岁时广记》[②]里，引了唐书中的一段话："立春日，食萝卜、春饼、生菜，号春盘。"说的就是标准的春盘制式。今天的春饼则要丰盛很多，各地的吃法和称呼也不同，北方人喜欢在春饼中卷进酱肉、各式小炒，而在南方则多做成春卷，一张面皮，卷着雪菜笋丁或荠菜，入油锅现炸，咬起来嘎嘣脆，很好吃。春盘演变到春饼、春卷，变的是花样，不变的是饼里卷着的春日时令鲜蔬，意寓着"咬春"的好兆头。

② 《岁时广记》是一部包罗南宋之前岁时节日资料的民间岁时记。南宋陈元靓编撰。此段引的是唐《四时宝镜》中的记载。

中国人实在，春天来了，怎么迎接呢？吃一顿！清明到了，还是吃一顿！而草木也迎春，它们不吃，只会开出花来装点这个世界。

早春花事里，木犀科素馨属的迎春花开的最早，花开后即是姹紫嫣红的春天，故因此而名。白居易有句诗这样写道，"未有花时且看来。"[③]说的便是它开花早，没花的时候姑且来看。它的花期也长，到了惊蛰还能见到它开在樱花树下，占据了大半的春光。

③ 出自《代迎春花招刘郎中》。

迎春花是冬季落叶灌木，枝条细长纤嫩，常垂成一个拱门。它是先花后叶，开花时枝条上光秃秃的，只有一串金黄,古人给它取了个别名叫金腰带。花像小喇叭，

喇叭口是张开六个小单瓣，像铜器里的莲瓣形收口，很雅致。花落后好像不容易结实，最起码我没见过，问过许多人，也都连连否认，做惊讶状。迎春花也不需要种子繁殖，花后剪一枝插在沙土里，能生出根来。压条也能活。

野迎春和连翘的花型、花期和迎春花相近，在春日里常被人们胡乱认错。

在江南一带，我素日里见的都是野迎春，也叫云南黄馨，四季常绿，花一般是复瓣，开花时有绿叶相衬，稀稀拉拉的黄色花朵点缀在叶间，如星子点点落入墨绿的海中。花期要比迎春花迟，江浙一带总在三四月开放。

迎春在一二月就开花了，所不同的是，它是落叶灌木，盛花期时只有稀稀拉拉的几片叶子，花量比野迎春大很多，满枝金黄，很有气势。

还有一种黄色的花叫连翘，多生长在北方，三种花中，它的花瓣最少，一般只有四个单瓣，迎春多是六瓣。再一个，连翘花朵大多朝下，而迎春与野迎春有着长的花管，花朵如一个个小喇叭朝天而放。

桐桐，其实它们还有很多细微的差别，你不妨多留意观察，这是春日观花时有趣的游戏，下次见面时期待你能讲给我听。

细想来，在江南见迎春花的次数实在是少，一只手能数得过来。最好看的一次应该是在杭州的青芝坞，那是踏雪寻梅的地方。宋代僧人释永颐写有一首《过青枝村观晦梅》,其中有“梅花树下春风静,苔荒荠老围春井”的句子，青枝村就是青芝坞。

《淳祐临安志》[4]云：“青枝坞在九里松石板巷玉泉后山。”《西湖游览志》的作者认为此地有五色土，曾产青芝，缘此得名。现在，这里已经撤村建居，只有村后石虎山的茶园竹林还保有世外桃源的一脉遗风。

经石虎山向前，一户老宅的墙角开着一丛迎春花，明晃晃的，是这个季节少有的灿烂。风有信，花不误，它如约而至，按时迎春，让我高兴。

立春时节又是冬春之交，多有雨雪，因此迎春花常常凌寒而开，有不屈之志，为君子所喜。

周瘦鹃就喜欢迎春花，他种有几株老干迎春，在一次寒流中都断送了，只余下一株悬崖式的迎春花盆景，种在深盆里，袅袅有姿。他说，“如鲁灵光之巍然独存。”虽遗憾却又颇有自得，让我艳羡。

桐桐，春来了，虽会乍暖还寒，但花总会一朵一朵地次第开去，生活也会一点一点地越来越好。快过年了，祝你吉祥。

家智

立春

④ 《淳祐临安志》是南宋地方志。南宋施谔撰。其中淳祐是指宋理宗赵昀的年号；临安是南宋的都城，位于今天的浙江杭州市西部。

雨水

02.19／前后

立春后，跟着就是雨水。自此而后，春雨如酥，万物可萌发滋长，我们将迎来一个万紫千红的春天。

雨水

桐桐：

见字如面！

今天大年初四，是年味正浓的时候。我避开人群，走山路去了后坞，去了陈岭，去了祖坟山，去了二十几年前在盛夏饮牛的那条河。

这些地方，至今在地图上都难觅踪迹，却收藏着我十余年的乡村生活，收藏着回不去的童年。我走着儿时的路，风景都未曾大变，山是山水是水，藏弹弓的山洞和洞旁的苦楝树还驻守在原地，人却早非昨昔。有的入了坟茔，长住在山腰上；有的去了异乡，十数年再未谋面；有的就在昨晚的宴席上对面，酒影摇红醉语连篇，已非故人。

桐桐，人说近乡情怯，是有道理的。我的祖先飘零几世，从商丘到彭泽，关山万里，最后落在了这座山谷，是为故乡；我又从这里启程，开始了新的漂泊。那些伙伴、那些景物都活在记忆里，使我时时往顾，而今乍然重逢，却又与记忆里的不一样，孰真孰梦，竟模糊了。

台湾诗人郑愁予被称为“浪子诗人”，擅写游子归来浪子思乡，最出名的是那首《错误》。桐桐，我曾念给你听过，你很喜欢，尤其是末了几句，“我达达的马蹄是美丽的错误。我不是归人，是个过客……”凡读过的人，没有不受打动的。他还有一首，叫《乡音》，我在家乡的田野里记忆起里面的句子，风吹在脸上，阳光落在脸上，眼泪就要下来了：

我凝望流星，想念他乃宇宙的吉卜赛
在一个冰冷的围场，我们是同槽拴过马的
我在温暖的地球已有了名姓
而我失去了旧日的旅伴，我很孤独

我想告诉他，昔日小栈房坑上的铜火盆
我们并手烤过也对酒歌过的——
它就是地球的太阳，一切的热源
而为什么挨近时冷，远离时反暖，我也深深纳闷着

桐桐,你现在还小,不能体会。这种冷是一种生疏，是拘谨，是不知道怎么办才好，对那些人，我还是依旧真挚地爱着，就像爱我的童年一样。只是，我们好像越来越找不到同行者了，人生的路，总是越走越孤独。孤独得受不了，便只能回到祖坟山，依偎在先人身旁。

日暮，我从山野回到村里，家家户户都人声鼎沸、烟火缭绕，这是一年中最喧闹的场景。我的家乡在彭泽[1]，小时候还有舞龙舞狮，玩花船走花灯，年味很浓。彭泽乡下，每个村子都有一条龙，颜色不一。我们村是

[1] 彭泽县，隶属于江西省九江市，位于江西省最北部。

正黄色的，初五扎龙，从山上砍新鲜的竹子，批篾扎成龙头，五彩的宣纸糊上去，好看而且威严。龙衣从祠堂里取出洗晒干净，过了初七八，可以披龙衣了。

披龙衣一般选在正午，以前是我祖父领头，一群长者端坐在宽阔的晒场上，大锣、小锣、镲子、鼓、铙都聚在一起，三声鼓点开场，随着“咙咚呛”的舒缓调子，十几米的龙衣穿在了龙身上，而后是点睛，是放龙珠。

点睛的细节我忘记了，放龙珠却记得很清楚。篾匠用竹青编一个特制的小兜笼，放入煮熟的红鸡蛋，盖上竹篾盖子，用两根竹丝固定在龙嘴里。龙珠归位，就开始祭龙，照例是焚清香点裱纸，爆竹声起，锣鼓点骤然急急切切，密如雨下，十几个汉子在晒场上一边奔跑喝彩，一边舞着龙上下翻飞，这是舞龙的高潮，我家乡称为“打彩”，也叫“炸龙”。爆竹声不停，舞龙就不能停，晒场上白烟四起，明黄的龙身在炸裂的爆竹里奔腾穿梭，神威赫赫。云从龙，风从虎，不虚言也。这些景象年复一年地在我的童年里展现，而今少见了，让我永久怀念。

从正月初十开始，舞龙队开始走乡串村，每到一处，鞭炮放得震天响，一直延续到正月十五。十五夜是烧龙的日子，龙不出村，只在山谷里挨家挨户的穿堂入室，不再是白日的疯狂、张扬、声振寰 [huán] 宇，而变成了古老的祭礼。

龙是在天黑时分起驾的，村里不过二十户人家，户户都在正厅摆好了祭案，红烛高燃，清香袅袅。锣鼓声

近，龙来了。照例是鞭炮炸龙，但时间极短，只在百响的须臾之间。而后黄龙入室，绕屋一匝，龙头停在了祭案前。

循例，是要祭三十六杯酒的。主祭人倒一杯酒，喝一声彩——“一杯酒，祭龙头，子孙万代封王侯；二杯酒,祭龙腰,子孙爵位步步高 ......”一人喝彩,众人声应，直至三十六杯酒尽，锣鼓骤响，彩声共起，鞭炮齐鸣，整个山谷都沉浴在神龙赐福的兴奋与祈盼里。

龙行百户，过最后一家时，已是深夜。依旧回到晒场上，在锣鼓声里摆好祭案，脱龙衣，摘龙珠，将龙头和裱纸一起投入熊熊篝火，村民齐齐下拜，送龙飞天。遗下的龙珠由欲求子嗣的人家请回去，小媳妇躲在闺房里吃掉，是神龙赐子。

桐桐，现在城里是难得见到这样的风俗了，许多民间文化正离我们渐行渐远，我总想着能和你多说一些，陪你多看一些，但愿能多留它们一会儿。二十四节气也是中国文化的重要组成，我写节气家书，一封一封地写给你看，也是为此。

雨水是春天的第二个节气，和后面的谷雨、大雪、小雪一样，反映了自然界的降水现象。立春后，跟着就是雨水，可见春雨的重要。《月令七十二候集解》[①]里有这样一个解释，说五行中春天是属木的，“生木者必水也，故立春后继之雨水。再者，东风既解冻，则散而为雨矣。”自此而后，春雨如酥，万物可萌发滋长，我

① 《月令七十二候集解》是中国最早的结合天文、气象、物候知识指导农事活动的历法。

们将迎来一个万紫千红的春天。

万紫千红，春色繁复，便以青统之。在国色里，青是初生的颜色。《释名·释采帛》[②]里说："青，生也，象物生时色也。"桐桐，准确地说，古人对青色的设定是极其宽泛的，蓝色、绿色、黑色都有可能是青——远山的灰黛是青，蓼 [liǎo] 蓝的汁水是青，姑娘的三千秀发是青，出家人的海青袍也是青，还有头顶上的青天，案牍 [dú] 上的青史，历经火炼的青瓷，莫不以青名之。这种颜色象征着坚强、希望、古朴和庄重，是天地设定的底色，万物在此基础上生发着色，而后百色参差烟柳繁华。

② 《释名》，是一部专门探求事物名源的著作，主要从语言声音的角度来推求字义的由来。汉末刘熙作。

青菜花

中国人说到节气，总要提到饮食养生，逢着节日就往吃上靠。雨水节气似乎是个例外，没什么吃食特别值得想念，大约是因为雨水多在正月，走亲访友拜年会客，伙食不会太差，古人也就忽略了。

而于今人，觥筹交错浓油赤酱，能让人想念的恐怕不再是煨了三日的鲍鱼海参，而是时蔬一碟了。

早春时蔬，我最爱的要数菜花了。

二十四番花信风里，雨水一候的信花便是菜花。这是二十四种信花中最朴实的一种，生于田园，可入肴馔，与百姓最为密切。宋末元初有个诗人叫方回，写了首《青菜花》，格调不怎么高，却写出了青菜花的几分味道，念给你听听吧：

只供寒士饱诗肠，不伴佳人上绣床。

黄蝶似花花似蝶，柴门春尽满田春。

方回是安徽歙县人。桐桐，你看过《射雕英雄传》，里面有个肥胖无能的襄阳安抚使叫吕文德，也是安徽人，二人相厚，算是半个老乡。方回的诗文其实不算差，是江西诗派最后一个正统诗人，他差的是节操。

此人于南宋理宗景定三年得中进士，最开始赋诗一首《梅花百咏》向权臣贾似道献媚，后贾似道被贬，方回惧怕牵连，又上《贾似道十可斩疏》，对恩公落井下石，为时人不齿。在任建德知府时，元兵将至，他高唱死守封疆之论，逢人就说要以身报国；及元兵至，又望风迎降于三十里外，回城时"鞑帽毡裘，跨马而还"，一幅蒙古人穿戴，洋洋然恬不知耻，郡人无不唾骂之。元人任其为建德路总管，不久罢官，即徜徉于杭州、歙县一带，晚年在杭州以卖文为生，以至老死。

江西诗派的一祖三宗若是地下有知，大概是要气得敲棺材板了。

青菜花入馔 [zhuàn]，是极有春味的。雨水之后，阳光一点点回暖，十字花科芸薹 [tái] 属的许多蔬菜都开始抽薹，菜场有卖红菜薹的，几块钱一把，用橡皮筋扎着，回去清炒，很好吃，只是外皮常常老韧，咬不动。

青菜花本不是以吃菜薹为主，只是苏州青和上海青种多了，没来得及吃就抽薹开花，算是意外口福。有一年我撒了几畦苏州青的种子，后来出远门无人照料，归来时花苞粒粒、将开未开，我摘了一大捆，一部分插在花瓶里，一部分炒了年糕。

菜花炒年糕我极擅长，取腊肥肉熬油，肥肉焦黄时下菜花略炒；年糕切薄片推入锅中，撒几粒盐花，颠锅几次就可装盘了，可当菜可作饭，适合一人食，免去了盘盘盏盏的烦恼。

桐桐，等你回杭州，我们去乡下踏春，茅茨 [cí] 土阶春花烂漫，我在田间生野火，给你炒一盘，那才是春的味道。

即颂

春祺！

家智

雨水

惊蛰

03.05/前后

昨天所谓“蛰”，是指动物入冬藏伏土中，不饮不食；到了“惊蛰节”，天上的春雷惊醒蛰居的动物，称为“惊”。惊蛰前后，渐有雷声，百虫出洞，即将到来的是一个生机勃勃的世界。

惊蛰

桐桐：

见字如面。

昨天我一人在山间闲走，过龙井村，穿九溪十八涧，两岸山林掩密，水汽俨然，且少有行人，是与别处不同的世界。檫 [chá] 木还在山上开着明黄的花，一树树的，点缀在苍茫的山色里，像是春幡，是自然与大地的信约，好告知世间人与世间万物，春是真的到了。

其实，春是早就到了，今天已是惊蛰，仲春自此而始。

惊蛰是农历二十四节气中的第三个，也曾叫启蛰。直至汉景帝时，为了避景帝刘启的名讳，始改为惊蛰。

桐桐，我们已经数月未见，在惊蛰日，我想告诉你，自然给你准备了一份这世间最美的礼物，那就是春光。

四季之中，唯有春与秋的时光最让人难忘，一个百花盛开莺飞草长，处处是希望；另一个硕果累累百草萧疏，处处是收获；而夏与冬，一个太炙烈，一个太冰冷，少了很多细水长流的味道。

惊蛰时，最需要提的春光便是灼灼其华的桃花。古人以"桃始华"来标识惊蛰一候的开始，不仅是经验的积累，也是个极有意境的信约——桃花一开，便是惊蛰的开始了，多美的开端。

檫木

桃树春天开花，五月就能结出大大小小的桃子，是蔷薇科极美味的水果。去年此时节，你来余杭见到的是碧桃，也结桃子，但个小，口味不佳。熟了可以摘一些，糖渍后做果脯，朋友来了，就着茶最好。不过，碧桃花特别美，作为桃树的变种，碧桃是观赏树种，花型多重瓣或半重瓣。三四月开花，从粉红到绯红，都极艳丽。你那次摘的是红花碧桃，比较常见的品种；白花碧桃开白色的花，我也没见过；还有一种撒金碧桃，是名种，半重瓣，白色，有时一枝上的花兼有红色和白色，或白花而有红色条纹，想想都是很美的色彩。

红花碧桃

我现在依然记得那次你来的样子，碧桃正开花，你翻过栅栏，在翠嫩的草芽上拾了一些花瓣，洒在池塘里。水面上还堆积着柳树的柔荑花序，红红黄黄的，残乱繁芜，居然有暮春的味道。让我想起苏东坡过都昌县，看见满树碧桃，却也是伤怀悲绪：

鄱阳湖上都昌县，
灯火楼台一万家。
水隔南山人不渡，
东风吹老碧桃花。[1]

[1] 《过都昌》。都昌县，江西省九江市下辖县，至今已有2000多年的历史。

都昌县和我的老家彭泽毗邻，以前常去，竟是没留意过“东风吹老碧桃花”的场景。

说起桃花，让我想起另外两个和你一般大的孩子，他们是唐代诗人李白的孩子。天宝年间，李白受权贵排挤，忧郁落魄离开长安，开始了人生中的第二次山河游历，历时十一载。流落异乡，他经常想起寄居于山东的一双儿女，写下了《寄东鲁二稚子》，言辞凄美，令人泪下：

> 娇女字平阳，折花倚桃边。
> 折花不见我，泪下如流泉。
> 小儿名伯禽，与姊亦齐肩。
> 双行桃树下，抚背复谁怜？
> 念此失次第，肝肠日忧煎。

草木于人，不仅是预知了季节的轮转，还能走进我们的记忆，就像我看着桃花能想起你们，李白思念儿女便能想起桃花。人或草木，皆有真情。

桐桐，惊蛰一过，你就会感觉到，阳光一日暖过一日，自梅花而始，一茬茬的花接踵而至，冰锋般的冬天也渐渐消融在春水与泥土里。

树上花开，树下草长，是很美的场景。而节气之外，总有与习俗相关的美食。这个时节，野菜是最鲜嫩的时蔬。

马兰头从去冬开始就一片一片的长着，挂着露珠，绿得茵茵如雾；艾蒿和鼠鞠［jū］草也一屈一挺地从枯草堆里探出身来，精精神神的。香椿还早，需待清明前后。

荠菜

野豌豆现在吃的人不多，豌豆尖却是很多人的最爱，少量油盐过锅一炒，或者做汤，都是极清淡的饮食。水芹菜早就可以吃了，沟淖 [nào] 处容易见到，水八仙之一，在苏浙两地颇受欢迎。

而此时的荠菜已经开花，正是辛稼轩词中所描绘的样子：

城中桃李愁风雨
春在溪头荠菜花[②]

② 出自《鹧鸪天·陌上柔桑破嫩芽》。作者是南宋词人辛弃疾。

寥寥两句，春意无边。听着都是春雨杏花的味道，而实际却是不堪食用了。

荠菜开花后就没人吃了，但可以用来煮鸡蛋。江南一带有习俗，“三月三，地菜煮鸡蛋”，这里的地菜就是荠菜。现在是二月，再过些时候，便是上巳节，是踏青的日子，野外疯了一天，女孩子头上斜插着荠花，嬉笑而归。日暮苍山远，最美的春色不是留在了乡间，而是装进了归人的竹篮。

荠菜连花带叶洗净，扎成小捆，鸡蛋带壳下水同煮，加少许盐。鸡蛋快熟时，略微敲破，再煮即可。做法极其简单，切忌用料繁复，会盖住荠菜的清香。据说这种做法的鸡蛋，可补虚健脾、清热利水，“中午吃了腰板好，下午吃了腿不软”。我小时候吃过，只知清香，不知疗效。

多出的荠菜花插在灶台上，蚂蚁一年都不上锅台。

这就是老的习俗了，城里人没有锅台，用瓶子插起来，放在饭桌上，也可看着下饭。汪曾祺说，能闻到新涨上来的春水气味，非虚言也。只是花期很短，次日就会萎掉；如果带根，会开长些。

现在去农村菜场，会有农民在场外摆摊，十块钱一斤，是青菜的数倍。我更希望的，是你能去到田野，放风筝，捉蚱蜢，临回家时挖一小捆，花在笑，你也在笑，不负春光。

顺致

春安！

家智

惊蛰

春分

03.21／前后

前几天我带一群孩子去野外，看见了极美的春花。山谷之间，有清亮的水在河里流淌，两岸水草丰茂，毛茛科植物开着明黄的花，天葵的小白花也在风中摇曳。

春分

桐桐：

见字如面。

前几天我带一群孩子去野外，看见了极美的春花。山谷之间，有清亮的水在河里流淌，两岸水草丰茂，毛茛 [gèn] 科植物开着明黄的花，天葵的小白花也在风中摇曳。

对了，我要告诉你那天看见的油菜花的样子。这几年，我已经看厌了油菜花海，大片大片的，除了依旧喧嚣的人海，到处都是耀眼的黄，依赖视觉刺激渲染天地，非我所喜。这里不同，完全是山里人为了生产所种，东一块西一块，空出来的田里种着绿的青菜、蒜苗，水田里也长着草，让人觉着春天真美。除了菜花的黄，还有草色的绿，泥土的褐，跨过最边缘的田埂，便是杜鹃花的红了。

我看着那些孩子尖笑着，跳跃着，穿过春色如许，仿佛也看见你从春花间走过，诗歌一般美好。

这美好，从初春延续到仲春，今天已是春分了，百花自兹而盛。

春分是二十四节气中的第四个，节令走到此处，春天就走了一半了。所谓“ 分”，是阴阳相半的意思，当此日也，昼夜均而寒暑平，春天被分成了两半，一天的昼夜也分成了两半，白天和黑夜一样长。自此而后，白昼越来越长，我们能看见更多的光，也能看见更多的景色。

桐桐，你是知道的，古人对生活极讲究，四时八节，皆循礼制而走，渐成民俗。只是今人太忙了，逐一简化，也就慢慢失去了文化的味道。自夏朝起，春分是要祭日的，源自于对大明之神的崇拜，后来渐渐演变，春分祭日就成了规制。明嘉靖帝在北京东郊建日坛，清朝皇帝亦在日坛祭日，只是道光之后，礼仪渐废，偶有文官往祭；1949 年后，就彻底废除了，成了日坛公园。

不过，也不是所有人都能在春分祭日的，《帝京岁时纪胜》[①]中说：“春分祭日，秋分祭月，乃国之大典，士民不得擅祀。”那么，黎民万庶干什么呢？踏青。挑野菜，喝春酒，草长莺飞。这些，在你读过的诗中都有见过。

①《帝京岁时纪胜》，清代北京岁时风土杂记。逐月记录一年四季各节令及其有关习俗、宗教活动、四时鲜果蔬菜食品等事。清代潘荣陛编撰。

有些读书人更雅致，自小寒到谷雨，共划分为二十四候，每一候应一种花，花一开，节令就到了，此称为“二十四番花信风”。到了春分，就轮到海棠当值了。

垂丝海棠

桐桐，下课回家的路上你可以留意一下，海棠是真的开了。

当然，我们最常见的，还是垂丝海棠。

垂英袅袅，柔曼无边。花是垂着的，像一簇簇挂着的铃铛；结的果也垂着，是苹果的微缩版，黄豆大小，能一直挂到入冬，偶尔在早春花开时还能见着宿果，红颜与沧桑，对照出时间的味道。果子核大肉少，连鸟儿都很少啄食。我尝过，是极涩口的。

与之相对，西府海棠的花挺立向上，是坚贞的女汉子。

我见过最美的垂丝海棠，是在曾经工作过的旧园，花期比外边的要稍晚些，多半要到三月末，但开得极繁盛，年年都灿若烟霞。女孩子穿件花衣裳，躲在里面捉迷藏，是不容易被找见的。

垂丝海棠旁种了几株梨树，花期正好重合，但梨树很瘦弱,开的花也单薄,完全压不过海棠花。苏轼说“一树梨花压海棠”，在这里要反过来了。

桐桐，等你再大一些，是要读《红楼梦》的。张爱玲在《红楼梦魇》中说:“平生有三恨，一恨鲥鱼有刺，二恨海棠无香,三恨红楼未完。”头两句是宋人彭几“五恨”中的两个，第三句是她杜撰的。

海棠无香，着实是一件恨事。尤其是垂丝海棠，美则美矣，却不圆满。但并非所有海棠都不香，西府海棠我闻过,是有一些清香的。至于古书记载的“海棠香国”，则是时人见不到的梦了。

海棠香国是古昌州的雅称，在重庆范围内。宋人沈立在《海棠记》中写道：

大足治中，旧有香霏阁，号曰海棠香国。

据言，此地有昌州海棠一品，一时开处一城香，令人神往。文震亨《长物志》中海棠一则，就记有此品：

昌州海棠有香，今不可得，其次西府为上，贴梗次之，垂丝又次之，余以垂丝娇媚，真如妃子醉态，较二者尤胜。

不知何时起，有香的昌州海棠遁离尘世，只余下垂丝海棠一条街一条街的开过去，占领了大半城池。

文震亨说，“余以垂丝娇媚，真如妃子醉态。”这里面用了个很有名的典故，叫“海棠春睡”。宋代释惠洪在《冷斋夜话》里讲了个故事：唐明皇登沉香亭，召太真妃，也就是杨玉环，于时卯醉未醒，命高力士使侍儿扶掖而至。妃子醉颜残妆，鬓乱钗横，不能再拜。明皇笑曰：“岂妃子醉，直海棠睡未足耳！”

醉态旖 [yǐ] 旎 [nǐ] 的海棠，也只有垂丝方可当得了。苏东坡说，“只恐夜深花睡去，故烧高烛照红妆。”[2]以垂丝之风情，是当得起这般怜惜的。

[2] 出自苏轼《海棠》诗。

除了看花，春天也适合做茶饮茶。

在杭州，走任何一处山野，都容易遇着茶树。摘两片叶子扔在嘴里，苦涩之后便是津津甜味。

我的工作室外也有几株茶树，长在河堤上，不知是谁家遗留下的，总没见人来采。有时候兴致来了我也会去采一捧，做成白茶自己喝。安吉多产白茶[③]，一般是春分开始采摘，比龙井要早，而做法就不似龙井那般繁复了。

茶叶采来，放在竹席上摊晾。萎凋之后就是烘干了。我有一个煮茶的风炉，三颗橄榄碳烧着放进去。没有小竹匾，就用一小块竹茶席铺在风炉上，茶叶铺上去慢慢烘烤着。最多一个钟头，茶香就弥漫在了屋子里。

隔天来看时，碳化成灰，白毫也历历可见。泡了一泡，甜味很浓，有青草味。送人是拿不出手的，只能自己喝。

我常带孩子们做自然观察的山叫大雄山，后山有大片被废弃的茶园，生满了葛藤，原来采茶人休憩的土房子变成了现在的古道书院。

有次早上路过，就特意爬上去看看。一到书院，我就懵 [měng] 了，葛藤已不知去向，原本空寂无人的茶园满是采茶人，路上还有人拿着塑料袋、购物袋源源不断地往山上赶。

我摘下几片嫩叶扔在嘴里，赶紧溜下来了。

就在回来的途中，看见了一棵很大的胡颓 [tuí] 子，长在水涧边上。果子已经没了，不知道是被人摘了还是鸟儿吃了，但残存的果柄告诉我，它曾经硕果累累。

采茶不遇，胡颓子的果子也没摘到，似乎一无所得，但我依然很高兴，因为每一次我在自然里遇见的，都是它不一样的样子。就像我每次看见你，也都是不一样的，

③ 白茶，属轻微发酵茶，国六大茶类之一。其指种采摘后，只经过晒或火干燥后加工的茶。因成品茶多为芽头，满披毫，如银似雪而得名。

胡颓子

或好或不好，我都接受。虽然，我是那么希望见到笑靥如花的你。

最后，说一件不开心的事。前天我再次上山，那棵胡颓子树被人砍了。春之未半，它却再也见不到大明之神。我每次给孩子们上课，总想让他们看见世间人与世间物的美好，花开果落，鳞潜羽翔，是自然的亿万年造化，孩子们看见了美，就懂得怎么珍惜它。

桐桐，我知道的，你定会民胞物与，敬物惜福的，对么？

即问

春祉！

家智

春分

清明

04.05/前后

这几天人在山里走，给孩子们上课，总能闻见杏花春雨的味道。杜鹃鸟也开始叫了，仲季相交，让人很容易伤怀，有思乡之感。

清明

你要知道，唯有清明是最属于自然的

桐桐：

见字如面！

其实，我写信的今天是寒食节，明天才是清明。

这几天人在山里走，给孩子们上课，总能闻见杏花、春雨的味道。杜鹃鸟也开始叫了，仲季相交，让人很容易伤怀，有思乡之感。1200多年前，也是这个时令，李白自夜郎遇赦而返，流落江南，迟暮之年多薄凉，写的诗歌也极哀婉：

蜀国曾闻子规鸟，宣城又见杜鹃花。
一叫一回肠一断，三春三月忆三巴。[①]

① 出自《宣城见杜鹃花》。宣城，地处安徽省东南部。

暮春三月，读这样的诗，听这样的鸟叫，真是不如归去。

关于寒食节，还有另外一个人常让我想起，那就是苏轼。这两天我常想起他的两句诗：

自我来黄州，已过三寒食。[②]

② 出自《寒食雨二首》。

900多年前，苏东坡因乌台诗案被贬黄州，任团练

副使，“空庖煮寒菜，破灶烧湿苇”，诗句言辞，多有苍凉，和他在杭州任太守时筑苏堤、煮东坡肉是截然不同的境况。寒食到了，祖坟却关山万里，难得祭扫。

后来，这两句诗流传了下来，即《黄州寒食帖》[3]，是“天下第三行书”。

[3]《黄州寒食帖》，又名《寒食帖》或《黄州寒食诗帖》，是苏轼撰诗并书，在书法史上影响很大。现藏台北故宫博物院。

寒食，在冬至后第 105 天，逢着此日，将上一年的火种熄灭，即为“禁火”，大家都得吃冷食。再过一两天，重新取出火种，薪火相传，就是清明了。唐人韦庄说：“寒食花开千树雪，清明火出万家烟。”有火，也就有了烟火味，是人世繁华。

桐桐，现在你这般大的孩子，大多是不知道寒食节的了，但你一定知道清明。

时年八节里，唯有清明是最属于自然的。

几场雨后，城春草木深，该绿的绿，该红的红。桃花谢了，依旧是满地花瓣，黛玉见着，要大哭一场；梨树的叶子逐渐茂盛，花也残了，刘方平说，“寂寞空庭春欲晚，梨花满地不开门。”[4]这是极伤春的句子。

[4] 出自《春怨》，作者为唐代诗人刘方平。

但清明来了，门总是要开的，得去扫墓、摘野菜、做清明团子。

在我老家赣北彭泽，扫墓总不在清明当天，而要提前几日。选一个日头好的下午，一把锄头挑着一个竹筐，去时满筐的裱纸香烛，归来几捆野蒜、数枝杜鹃。杜鹃是给孩子们插瓶玩的，也可以摘下来吃，而野蒜、用来做清明果。

杜鹃鸟

野蒜，就是薤 [xiè] 白，用它做清明果，在别处我是没见过的，和玩植物的朋友说，也都惊诧不已。

说到“薤”字，很多人都不认识。以前读书，讲到五谷为养——麦、黍、稷 [jì]、麻、菽 [shū]，五菜为充——葵、韭、藿、薤、葱，总是很头疼，不仅不知道所讲何物，即便是念出来，也颇为费劲。后来学习植物，慢慢地喜欢上这些冷僻的名字，它们也许绕口，但历经岁月积淀，都有着不一样的味道。

桐桐，你看，“薤”字，从草从韭。《尔雅 · 释草》中这样注释：

薤，似韭之菜也。

据实而言，薤和韭菜的差异实在满大，韭菜叶形扁平，翩若鸿羽；而薤半圆柱形，有三棱，中空，如果说是“似葱之菜也”，似乎更为妥帖。

说薤，或者薤白，觉着陌生，但说野蒜，或者小蒜，是能勾起太多人的记忆。

仲春之际，草长莺飞。山野之谷，地垄之间，野蒜总是一片一片地恣肆生长着。到了清明，孩子们都要去野外采摘，送到厨房里，妇人挽起袖子，麻利地挑净切碎，揉进米粉里，捏成一个个团子，入屉蒸熟，做法和清明团类似，口味却大不相同。出屉后的第一碗是不能吃的，要放到供桌上，以飨先人。

有很长一段时间，我都以为这种味道唯有我的家乡独有，直到来到杭州，才知道各地人都吃，只是不用来做清明果。有一次爬北高峰，无意间闻到一股浓郁的野蒜的味道，觅香而上，发现两个阿姨在拔野蒜。后来读汪曾祺先生的文章，有一篇《葵·薤》，里面写到“北方人现在极少食薤了。南方人还是常吃的。湖南、湖北、江西、云南、四川都有。”老先生忘记了浙江。

野蒜的吃法很简单，清炒即可。有一道菜，叫野蒜炒鸡蛋，虽简单，但考验厨师的功力。出了老家，再也没吃过满意的，或许这辈子也找不到当年的那种味道了。有一阵子我在读《朝花夕拾》，鲁迅先生在小引里有这样一段话，我深以为是——他说，“我有一时，曾经屡次忆起儿时在故乡所吃的蔬果：菱角、罗汉豆、茭白、香瓜。凡这些，都是极其鲜美可口的；都曾是使我思乡的蛊惑。后来，我在久别之后尝到了，也不过如此；唯独在记忆上，还有旧来的意味存留。他们也许要哄骗我一生，使我时时反顾。”

写这段话时，鲁迅正流离于广州，山河变色，故乡正远。对于一个钢铁般的汉子，半生颠沛之后，心中最软的记忆,却是家乡的味道,那种要哄骗他一生的味道。

桐桐，等你再大一些，就会理解这种游子的心境。我们走了太远的路，一直走到了天涯海角；我们走了太长时间的路，一直走到两鬓苍苍；可无论何时何地，舌尖留恋的，无非是记忆里的家乡。

我知道，这是一种偏执，当我们真的踏上故土，吃到嘴里的，却是另外一种味道。

就像我现在吃的薤白，也不是西汉的滋味了。

在西汉时，著名乐师李延年改编了一曲挽歌，名为《薤露》:

薤上露，何易晞。

露晞明朝更复落，人死一去何时归。

野蒜

同文里还有一章，名《蒿里》，都是出自田横门人，就是很多人熟知的田横五百壮士的故事。汉初立，高祖召田横，其不愿臣服，自杀。门人伤之，为作悲歌，一章言人命奄忽如薤上之露，易晞灭也，即为《薤露》。其歌言辞悲切，后李延年为之作曲，终得流传。

不说葱上露，韭上露，而说薤上露，是因为野蒜的叶子实在太细，而且多直立，实在是挂不住多少露水。也许还有一个原因，就是在汉之时，薤是一种极其常见的菜肴，故尔能就近取喻。

时过境迁，很多人都已经忘却了这首挽歌。但每近清明，我总是能忆起这种名字古雅的野菜，忆起如薤露一般划过的过往光景，忆起家乡的山野、坟茔。

再接下去，就是送春归去的时节了。桐桐，你真应该多去自然里走走，你读过的书，都能在那里得到印证；你做过的梦，也会在花间寻见，这一切，都如此好。

此颂

安好！

家智

寒食节

谷雨

04.20/前后

谷雨前后是下田的日子。桐桐，每到这种时候，我总能想起自己的童年，那是各种声音的汇聚，犁过水田，杜鹃啼血，都是极美妙的音乐，还有父亲手执竹鞭扶犁而走的吆喝，悠长得能贯穿山谷。

谷雨

看得见雨意，也看得见万物生长

桐桐：

见字如面！

过了这个节气，春色渐远，夏荫始浓，到了送春归去的时候了。

古人送春，总是多有哀愁。南唐的词人皇帝李煜，国破身辱，江山易色，听窗外风雨潇潇，写下了这样的句子：

林花谢了春红，太匆匆，无奈朝来寒雨晚来风。胭脂泪，相留醉，几时重？自是人生长恨水长东！①

① 出自《相见欢·林花谢了春红》。

暮春时节，雨打风吹；落红成阵，春去匆匆。其中辛酸，岂是一句无可奈何所能言尽？

但于孩子，桐桐，像你这个年纪，豆蔻辰光，总是欢快明媚一些好。

春行到此，芍药开在了桥边，古人称之为“婪尾春”，是唐宋两代文人的说法。婪尾是酒过三巡的最后之杯，芍药殿春而放，自有送春的味道。野蔷薇也开花了，去到乡下，满架蔷薇一院香，让人想长住下来。孩子们去一趟野外，衣服染上了草色，包里装满了枯枝还有银杏

芍药

大蚕蛾的茧，摘一把野蔷薇的嫩茎，彭泽乡语曰“刺拱”，蔷薇带刺，又是从土里新拱出来，有动的美感。细细地剥皮，细细地品尝，鲜甜生脆，满口生津。这都是暮春的美好。

到了夜间，孩子酣睡了。小楼一夜听春雨，深巷明朝无杏花。

杏子、梅子都已初结，因为谷雨已经到了。

谷雨是二十四节气中的第六个，也是春天的最后一个节气。时令行走至此，“杨花落尽子规啼”[2]，天地都湿漉漉的，走到山野里，处处是新绿，能看得见雨意，也看得见万物生长。

出自李白的《闻王昌龄左迁龙标遥有此寄》。

雨生百谷，是多吉祥的节气。

谷雨祭仓颉，是以前的传统。仓颉是文祖，创造了文字。《淮南子·本经训》[3]里有这样一句话：“昔者仓颉作书，而天雨粟、鬼夜哭。”民间以食为天，作出的解释是仓颉造字成功后不要上天的奖励，只要求人间风调雨顺五谷丰登。上天感念，便在这一日天雨谷粒，下了一场谷子雨，故而名之为谷雨。这既是对人类先祖的纪念，也是对自然的感激；先人创造文明，自然哺育万物，皆是莫大的功德。

出自西汉刘安所著《淮南子》，记录了先秦至西汉时代民间流行的神话及圣贤传说。

谷子雨自然是传说中才会有的，要想收获还需先播种。谷雨前后是下田的日子，耕牛在水田里行走，农人将谷种布在苗畦里，沉睡了一冬的田地终于开始了喧闹与忙碌。桐桐，每到这种时候，我总能想起自己的童年，那是各种声音的汇聚，犁过水田，杜鹃啼血，都是极美妙的音乐，还有父亲手执竹鞭扶犁而走的吆喝，悠长得能贯穿山谷。他的犁上挂着一根柳条，随时抓起从犁畔惊起的野鲫鱼，一块田耕完，柳条上的鱼就结成了串。这是自然的赏赐。

戴胜鸟

谷子布下去之后，便要摘桑养蚕了，戴胜降于桑，耕织都在谷雨时节启始。

戴胜鸟我见过几次，顶着扇子一样的羽冠，很好识别。但没有在桑林里见过，只于楝 [liàn] 树下偶遇了几次，它在满地的楝花里挑拣虫子吃。我一靠近，就飞走了，极其警觉，留给我的是满地楝花。

苦楝子是苦的，花却清香。

每年春夏之交，苦楝花开，如君子践约。南朝宗懔有本文集，叫《荆楚岁时记》，记录了中国古代楚地的节令风物，其中说到二十四番花信风，始梅花，终楝花。

古人计时，五日为一候，三候是一个节气。每年花最繁盛的时节，从小寒到谷雨这八个节气里共有二十四候，每候都有某种花卉绽蕾开放，于是便有了“二十四番花信风”之说。

谷雨三候，苦楝花开过，以立夏为起点的夏季便来临了。用植物作季节更替的标志，真是极妙。比如到了立夏三候，历书说“王瓜生”，该吃黄瓜了，多么自然。而生活在自然里的人也该知道，苦楝花开，也就到了谢花时节。

程棨在《三柳轩杂识》里说过这样一句话，“楝花为晚客。”也许就是因为它开在了春天的最后，姗姗来迟，故而“晚客”也成了它的雅称。

虽是晚客，却喧宾夺主，是来送春的，而且打扮得花枝招展。

据实而言，楝花是极美的。花色偏紫，从伞盖般的树冠洒下来，流苏一般。其香味清幽，和它的苦极不对称。我最近一次闻着苦楝是两周前，带着一群孩子在雨天走在山谷里。

“闻到没，什么香味？”

一个孩子站住了，大家都站住，拼命地耸着鼻子。

好熟悉，是楝花。不远处的草地上铺了浅浅密密的一层，白的紫的，湿漉漉，如梦如幻，能让孩子们尖叫。顺着枝干往上，便是一树细碎的小花，和在雨天的雾气里，不招眼，是极容易错过的。我们的眼睛总是习惯看着远方，不抬头也不垂首，忘记了前路之外还有天空和大地。

花过之后，会结绿色的核果。碧绿碧绿，挂在茂密的叶子里，是夏日的风铃。男孩子顽皮，会爬上去折下一丛一丛的扔下来，做弹弓的子弹。几株苦楝，可以戏耍整个暑假。

入了秋，叶子开始稀稀落落地往下掉了，果实也一串一串地显现出来。直到几场雨后，黄叶落尽，黄褐色的苦楝子依旧风铃般挂满枝头，细细听，心里漾满了叮叮当当的清脆声响。

传说中有个独角兽，叫獬 [xiè] 豸 [zhì]，能辨是非曲直、识忠奸善恶，现在多立在司法机关的门前，它喜欢吃苦楝的叶子。而它的果实，也称为“练实”，是凤凰的食物。所谓“非梧桐不止，非练实不食，非醴 [lǐ] 泉不饮”，说的就是这个。它源自于《庄子》里的一个典故，惠子相梁。惠子就是当时魏国（即梁国）的相国惠施。

惠子在梁国做相国时，庄子去看他，有人谣传说庄子是来代替惠子的相位。惠子爱做官，一听就急了，派人在国都内找了庄子三天三夜。后来庄子去见惠子，对他讲了一个凤凰与猫头鹰的故事。说猫头鹰得了一只腐烂的老鼠，恰好凤凰经过，猫头鹰就发出“吓吓”的声音来恐吓它。庄子对惠子说：“今子欲以子之梁国而吓我邪。”仅此一句，就是满满的嘲讽。

我很喜欢庄子的自信，鲲鹏、凤凰，都用来形容自己，最不济也是梦中的蝴蝶，都是美好的比喻。

文人打架，打完了依然是朋友，外人当不得真。其实庄子和惠施是至交。惠施死后，庄子渐而少语，他说“自夫子之死也，吾无以为质矣，吾无与言之矣！”意思是，自从惠子死后，我就没有可辩论的对手了，我也就没有什么话可以说了。人间寂寞，也莫过于此了。

传说苦楝子凤凰可以吃，很多鸟类也吃，但人不能吃。尤其是成熟后，有毒性，但那是三秋之后的事了。我们现在看见的，是一笼如雾如雨的紫色春光。

④ 出自：《诗经·小雅·出车》。

春天有多美好，《诗经》里说："春日迟迟，卉木萋萋。仓庚 [gēng] 喈 [jiē] 喈，采蘩 [fán] 祁 [qí] 祁。"[④]但毕竟已是暮春了，我们珍惜光阴，也是珍惜眼下的美好世界。桐桐，谷雨之后的春假，你要来杭州看我，我真高兴。我还能带你去看最后的春光，山河皆好。

我期盼着。

此愿

你一切皆好！

家智

谷雨

苦楝花

夏
立夏
小满
芒种
夏至
小暑
大暑

立夏

05.05/前后

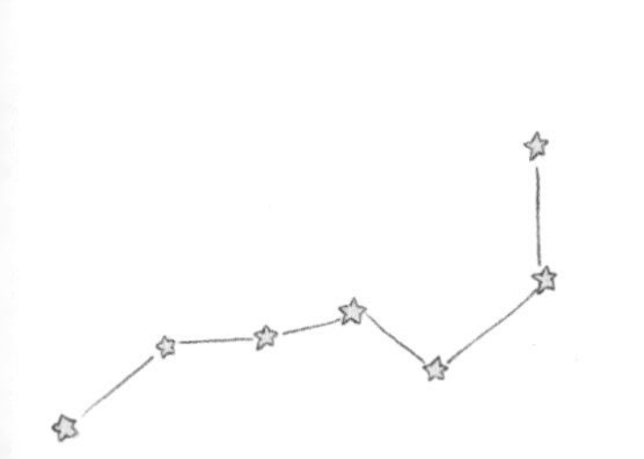

当夜幕降临，北斗七星出现在辽阔的夜空中。这也许是你们第一次观星，那些闪烁的星子，竟可以离我们如此之近。你们顺着斗柄的方向，看见了立夏时节。

立夏

桐桐：

见字如面！

自山川归来，潘老师和我说，你走的时候，趴在车子后座上透过后窗看着我们相聚的地方，眼里噙着泪，不言不语。你妈妈把这个场景拍了下来，发给潘老师。我只看了一眼，鼻头一酸，眼泪就要掉下来了。

那张照片看不见你的脸，只有一个瘦小的背影，扎着麻花辫，头绳上挂着银色的小铃铛。我不知道那个铃铛是否真的会响，但一眼之间，叮叮当当的声音如夏日的风铃，和你的背影、泪眼一起刻在了我的心里，挥之不去。你的左手边还有一只小手在趴着，我知道，那是你的小伙伴葶葶的。我多么幸福，有那么多孩子和你一起来看我。

湍蛙

每次相聚总那么开心，告别却是那么伤感。

但是，桐桐，我们俩之间，我和所有我的孩子们之间，除却告别的酸楚与不舍，剩下的该是无穷无尽的欢笑和美好，这些都是你们的童年记忆，也是我的宝贵财富。这一点，我是看得清楚的，所以虽不舍，但不执着，因为我们有记忆，会牵挂；因为我们终将相逢，依旧在自然里。

我也希望所有的父母能看清这一点。在最后一天的家长课上，我陪你们的爸爸妈妈爬山，给他们念了一段余光中写给他母亲的诗：

我最忘情的哭声有两次
一次，在我生命的开始
一次，在你生命的告终
第一次，我不会记得
是听你说的
第二次，你不会晓得
我说也没用
但这两次哭声的中间
有无穷无尽的笑声
一遍一遍又一遍
回荡了整整30年
你都晓得，我都记得[①]

① 出自《今生今世》。

世事轮回，何其相似！桐桐，我从没奢望你鲜衣怒马富可敌国，但我太希望你能是一个记得住美好过往的姑娘，是一个爱笑的姑娘，是一个能幸福一辈子，到了你六十我八十你还会笑着来看我的姑娘。

真有哪一天，你悲伤了，我也会在自然里等你。草木生灵皆在，如我一般。

短短的三天时间，我们在安吉这个叫“山川”的山

村里与自然相逢，也与老友相逢。山楂花开满了山野，野蔷薇与金樱子的白花在为春天做最后的谢幕演出；苎麻的叶子多香啊，苎麻珍蝶的幼虫在欢快地蚕食着叶片。湍 [tuān] 蛙和乌梢蛇也出来，各种甲虫都悄悄走进了我们的世界。

当夜幕降临，北斗七星出现在辽阔的夜空中。这也许是你们第一次观星，那些闪烁的星子，竟可以离我们如此之近。你们顺着斗柄的方向，看见了立夏时节。

斗指东南，维为立夏。先人在自然里察看万物，并教给我们方法。只是我们离万物太远，所以疏离。这一次，你们能走得如此之近，我真高兴。

立夏是二十四节气中的第七个。这个节气在战国末年就已确立了，预示着季节的转换。至是日也，春尽夏始，草木也开始绿意葱茏，我们将迎来一个繁花落尽、绿叶滋生的世界。唐代诗人高骈说："绿树阴浓夏日长，楼台倒影入池塘。"[②]就是最美的写照。

② 出自《山亭夏日》。

立夏也是时年八节中的一个，在古代极为讲究。自周而始，逢着此日，天子要率百官去南郊迎夏。朱车赤马，血玉红旌 [jīng]，映照得天地皆红，晚霞一般，以此作为对丰年的期盼。到了这个节令，夏收作物进入最后的生长期，冬小麦扬花灌浆，油菜结荚成熟，先人们望天而食，故而也常常感念天地之德，这既是感恩，也是敬畏。

君王迎夏，就有这层意思，爱民以时，常记民间疾苦，以远黍离之悲。迎夏归来，便要开始赐冰，是给文武大臣消暑用的，说明天气该热起来了。

贮冰消暑在两千年前就有了。桐桐，如果你读诗经，会读到这样的句子：“二之日凿冰冲冲，三之日纳于凌阴。”[3]二之日是指农历十二月，三之日是指正月。这句诗的意思是说腊月在河里凿冰，咚咚作响；正月将冰搬回去，藏于冰室。

寒冬贮冰，立夏启冰，皆是顺应自然而作。[4]

冰取回去，可镇冰酒，可开琼筵，吴藕汀的《立夏》诗说：“无可奈何春去也，且将樱笋饯春归。”文人是要作个雅集，再送一送三春[5]的。

我也送春，是和孩子们一起，一茬花一茬花地送，直到漫山开满了野蔷薇。

几场雨后，该谢的花也谢了，山野里只有野蔷薇湿露沉沉，落到泥里还透着甜香。我以前也种过很多野蔷薇，是和朋友去花木城买的，八十块钱一大捆，很便宜。让工人一根根地编到竹篱笆里，100 多米的土路，成了蔷薇小径，很有些意思。

用野蔷薇送春归去，听起来有些别扭。在诗的世界里，能送春的，仿佛只有荼 [tú] 蘼 [mí]。真的荼蘼到底是什么，我一直很恍惚，似乎从没见过。《红楼梦》里，麝 [shè] 月掣的签就是荼蘼，她也成了陪宝玉走完红楼一梦的最后一个女子。

在第六十三回，寿怡红群芳开夜宴，麝月掣出签来，

③ 出自《诗经•国风•豳风•七月》。

④ 立夏日启冰，赐文武大臣，出自明代刘侗《帝京景物略》。

⑤ 三春，春季三个月农历正月称孟春，二月称仲春，三月称季春。

荼蘼

是一枝荼蘼花，还有一句旧诗，“开到荼蘼花事了。”宝玉觉着太悲，将签藏了起来。

其实，签上还有一句注解，“在席各饮三杯送春”。春去也，以酒来送，虽矫情，却也庄重，是文人世家的活法。

而在乡野，能送春的，只有一碗乌米饭了。桐桐，这一次，终于让你做了一回乌米饭，也做了一回乡野的人。

立夏，必吃乌米饭，是老杭州的传统。

取南烛叶嫩梢，揉碎捣烂，取汁水混合糯米浸泡染色。地里有现成的应季蚕豆、豌豆，山上有后发的小竹笋，梁上有去年冬天的腊肉，都是最好的食材。

这一餐不同往日,需要在外边做,最好就在田野里。带上铁锅，土灶生大火，将配料下油锅翻炒，至七八分熟，加水下米，焖熟即成。

做出来的饭是黑的，清香的紧。我不大能吃糯米，总要加一些籼米进去，一年尝一次，总少不了。

吃过这餐饭，夏天便来了，万物皆长。连日头都开始长了起来。我喜欢看林子里的日头，有光阴的味道。尤其在午后，我忘不了带你和其他小朋友爬山的样子，林下漏日光，疏疏如残雪，是极美也极安静的，静得只有你们的声音。当你们安静下来，又只有风的声音。有自然，有风，还有你们，桐桐，这个世界该有多美好！

我真愿意带着你们去看遍自然的美好。这一次春假

结束，下一次见面该是在夏令营了。我会一直给你写信的，也愿我们的每一次相见都如此美好，如月辉皎洁，如夏荫若梦。

　　此致

夏安！

家智

立夏

小满

05.21/前后

我昨晚做了个很美的梦，梦见你在山谷里采摘山莓，两只小手攥得满满的，红色的浆果汁液染红了衣裳。一梦醒来，满眼都是你笑靥如花的样子，还有山莓浓浓的奶香味道。

小满

茫茫的田野上，思念也在生长

山莓

桐桐：

见字如面！

这几天杭州真热，有夏天的味道，姹紫嫣红渐渐退场，该是绿树浓荫的季节了。

我喜欢这样的季节，百花过后，必有百果次第成熟，这是自然的馈赠。我昨晚做了个很美的梦，梦见你在山谷里采摘山莓，两只小手攥得满满的，红色的浆果汁液染红了衣裳。一梦醒来，满眼都是你笑靥如花的样子，还有山莓浓浓的奶香味道。

我想念山莓，也想念着你。

明天就是小满了，这是夏天的第二个节气，也是个和食物相关的节气。自古以来，人类辛勤耕耘土地，而土地赐人以百谷。二十四节气不仅能够提醒先人们耕种，令民以时，也会告诉人们粮食的长势。小满到了，小麦也该灌浆了，先人们即将告别青黄不接的时节，这是自然给予的希望。

现在我们的食物如此丰饶，以至于忘了节令。桐桐，五月初是吃樱桃的时候，樱桃个小，但比车厘子要甜很多。上次你说想吃，我记在了心上。可等我去杭州寻找时，已经下市了，它的果期太短，短短十余天就没了。

心里一直歉疚。好在后面将要成熟的水果多起来了，我还有弥补的机会。

比如油桃，比如枇杷。

枇杷是我极爱吃的，尤其是软条白沙。

我回家要经过一条老旧的巷子，宽可通一车。一侧是人家，一侧是院墙，院墙脚下是一排花池，里面种了很多花草乔木，有紫荆，结着月牙形的荚果，每天清晨都宿满了啄食的白头鹎；有七姐妹蔷薇，现在还如火如荼；花池沿口上摆了几个泡沫箱子，种着碧绿的葱和已经要衰败的大蒜；朱顶红也正好开花，比园艺店里的要灵气很多。

枇杷

前几天傍晚路过，猛然发现白石灰的院墙外探进来几枝枇杷，都已点点金黄了。此后的几日，每每傍晚路过，都有人架着木梯子爬上墙头去采撷。我问："好吃吗？"答说："酸死了"。抓给我一大捧，果然酸死了，品种不好。

老巷子，酸枇杷，大人孩子骑墙头，也是一种滋味。

让我想起归有光看枇杷，却是另一种滋味。归有光，世称"震川先生"，江苏昆山人，是明代的散文大家。你现在还不知道，等你再大些，我给你读《项脊轩志》[①]，这是极美的散文，我读书那会儿，这一篇是要通篇背诵的。历经十余年后，许多已经忘记了，唯有最后的那句经常会想起：

① 《项脊轩志》是明代文学家归有光所作的一篇回忆性记事散文。

庭有枇杷树，吾妻死之年所手植也，今已亭亭如盖矣。

每每读此句，心生悲戚。睹物思人者，莫过如此。

桐桐，小满之后，该是麦秋了。

麦秋也是时节，很多人不知道。很多节令的名字都极美，譬如花朝、梅雨，言之有物，有雅气。麦秋也美，是指初夏时节。《月令章句》[②]里说：

② 《月令章句》作者是汉末名士蔡邕。

百谷各以其初生为春，熟为秋。故麦以孟夏为秋。

意思是单就植物而言，以发芽初生为春，成熟收获为秋，小麦在初夏成熟，所以它以夏为秋。时至麦秋，麦芒也硬了，老农的胡茬一般刺刺如针。二十四节气是以北方的气候来定的，中原的麦子还在灌浆，而千里之外的杭州乡下，有的已经在收割了。

·麦子

前几天路过一片田野，正好阴雨，大面积的麦田茫茫渺渺的，正是黄熟时节，确如金秋一般。有老人弯着身子收割，镰刀过后，田地里留下高高的麦茬。

余杭大面积种麦，我是近几年才发现的，以前没见过。秋稻收过，撒下麦种，开了春就是绿绿的一片。小麦收完，又将是碧绿的稻田。以前我也偶见种麦子的，都是边边角角种一点喂鸡，或者阿婆们念佛用。

我记得有一年路过这里，也是一个老人在割麦，他正搂着一大捆新收的麦子往三轮车上放。旁边是麦田，却不足一分地，麦子都一把一把躺在温软的泥土上，麦茬黄黄的，一垄垄整齐地排列着，场景虽小，也有丰收的景象。夕阳已经斜斜的划向了山角，余晖静静地洒在老人身上，我突然意识到麦子熟了，油菜也已结籽，乡下的布谷鸟也该在清晨叫起了——曾经有那么长的一段时间，我住在山沟沟里，不需要手表与日历，植物会告诉我季节。

是的，麦子黄了，该入夏了，蜀葵也该开花了。

桐桐，这是我今天要和你讲的一种花。

在华北一带除了种小麦，也种有大麦。小麦为我们提供了日常的面粉，大麦则是酿造啤酒的主要原料。也许在古代，大麦比较贴近人们生活，蜀葵也由此被赋予了另外一个更直接的名字——“大麦熟”。

这种锦葵科蜀葵属的二年生直立草本植物，在中国分布极广,原产于蜀地,故名“蜀葵”。也有叫“一丈红”的，是因开花时满条皆花，十分繁盛。

清代陈淏 [hào] 子有一本园艺专著很有名，叫《花镜》，知道的人多，看的人少，里面讲蜀葵的部分极其详尽，让现在的科普术语望尘莫及：

蜀葵阳草也……来自西蜀，今皆有之。叶似桐，大而尖。花似木槿而大，从根至顶，次第开出……八月下种，十月移栽，宿根亦发。嫩苗可食。

我六年前得了一小包种子，各式各样的花草混杂在一起，在菜地边撒了下去。后来发了一大片凤仙花、百日草还有蜀葵。最令我满意的就是蜀葵，开有红白紫三色，单花的花期极短，白天刚刚盛开，一夕夜雨便零落尘泥；但花苞一批一批，连绵不绝，总体花期极长，可从五月一直开到中秋。

蜀葵

这种花极好养，不需要格外打理，但因为植株太高，可达一丈有余，城里的楼房是不适合的，在农村就极其常见了。前一阵子看鲁迅的《野草》，有一篇《好的故事》，是很美的文字，没有他杂文那种剑拔弩张的气势，满满的都是江南烟雨味，里面有关于蜀葵的一句话：

河边枯柳树下的几株瘦削的一丈红，该是村女种的罢。大红花和斑红花，都在水里面浮动，忽而碎散，拉长了，如缕缕的胭脂水，然而没有晕。

文人养兰草，官家种牡丹，蜀葵就该是农家妇女在院角挖一个坑，扔下几粒种子，它也会争气地开出花来。

当然，有些皇家人也会偶尔吃吃民食。西汉上林苑里就种有蜀葵，曹操的铜雀台也有，到了明代，“成化甲午，倭人入贡，见栏前蜀葵花不识，因问之”。这花日本也有，许是使者没见过，也有可能是御花园的蜀葵品种太多了，倭人没见过。

家里种不了蜀葵，可以剪一两枝回去瓶插。《广群芳谱》讲了一种瓶插方法，我还没试过。把花枝基部两三厘米放进开水中浸烫一两分钟，立即浸到冷水中，这样做可以梗塞切口，防止花枝组织汁液外溢，最后插进花瓶。开水也可以用石灰水替代。据说这样可以“花开至顶，叶仍如旧”，不知确否，你可以试试哦。

我最近开始忙着弄自己的小院子，希望里面能开满花，等你们来了，我躺在躺椅上喝茶看书，也看你们在花丛中玩，想想都美。这是我干活的动力。

期待见到你。

此愿

夏绥！

家智

小满

樱桃

芒种

06.06 / 前后

关中平原沃野千里，芒种一到，小麦自东往西渐次成熟，整片大地被太阳炙烤成金黄的海。风从远方吹来，裹挟着新麦的香味，麦客也自东边出发，一顶草帽一把镰刀，随着翻滚的麦浪向西边席卷，在他们身后留下高高低低的麦茬，和深深浅浅的脚印。

芒种

梅子熟时栀子香

桐桐：

见字如面！

我最近呆在缙云[①]的山上，海拔 800 米，每日际会的无非是烟云草木，是天地间极寻常的东西，在我们所处的城市却极珍贵。我住在这里，一日又一日，总想着你也能来，夕阳西下，白云苍狗，你的童年应该要有这些美好的记忆。

因为海拔高，天亮的时间也早。我总在五点钟起床，窗外是青山，是蓄满了水的梯田，是层层叠叠望不到头的茭白地。我什么也不干，常在窗前等日出，偶尔也看看闲书，一抬头，天边露出了鱼肚白；再一抬头，红霞满天，日头就要出来了。

有时候山下湿热，山上就会起雾。雾很大，随风吹在脸上，下雨一般，凉丝丝的，很舒坦。云雾经常是从山谷里升起的，不一会就弥漫住整个山林，而后一阵风，又以极快的速度收归山谷。

以前，我以为云海都会被吹到其他地方去，在这里我才发现，有些云是有根的，它们会回到生起的地方。

多云雾的地方会产好茶。这里每年开春，会有采茶人上山，吃住都在山上。到了采茶期结束，又会空无一

① 缙云县，简称缙，隶属浙江省丽水市。

人。山里的茶只采一季，故而茶山常常寂寥。有一天早晨，我带着十来个孩子去茶园采了一些，五点起床，六点出发，七点回来吃早饭。白粥就着馒头，小菜是阿姨自己做的雪菜炒嫩笋。早餐吃完去上课，等回来吃午饭时，茶叶已经炒好了，每个孩子都泡了一杯，山泉水烹野茶，都说很香。孩子们闹哄哄的，全没有品茶的意境，像在喝酒。

我喝着它，比龙井还有滋味。夏茶醇厚，滋味悠长，这是春茶难比的，也是时令给予的味道。

喝完这杯茶，小满就要过去了，芒种即将到来。

芒种是夏季的第三个节气。节气行走到此日，便是仲夏的开端了。

绿树浓荫夏日长，是极热却也是极美的时候，太阳的红与草木的绿相互映照着，一热一凉，是天地的阴阳之道。百谷也在生长，农历五月了，有芒的麦子正在收割，有芒的稻谷正在稼种，这是自然给予的希望。

·小麦

早些年我结识过很多北方来的农民朋友，素日里在城里打工，各行各业都有，但到了这个时候，都要请假回家收麦子。尤其是很多建筑工地，五月工人常常因此紧缺。这些无关乡愁，却又是乡愁；有归家的喜，也有奔波的忧。可是，桐桐，生活不就是如此么？

再早些时候，每到麦收，就有麦客行走阡陌。我没见过麦客，只在书里看到他们的身影。关中平原沃野千里，芒种一到，小麦自东往西渐次成熟，整片大地被太阳炙烤成金黄的海。风从远方吹来，裹挟着新麦的香味，麦客也自东边出发，一顶草帽一把镰刀，随着翻滚的麦浪向西边席卷，在他们身后留下高高低低的麦茬，和深深浅浅的脚印。

自然给人以生养，节气教人以时令，这是先人留给我们的智慧。

而在千里之外，桐桐，你所居住的江南正沐浴着一蓑烟雨，梅雨季节如约而至。

到了此时，在太平洋副热带高压的影响下，天气持续多雨，溽 [rù] 热难当，我素来不喜。

入梅后，“黄梅时节家家雨，青草池塘处处蛙”②，却又是极有意境的。读贺铸的词，则更觉得美好。贺铸本贺知章后人，作词尤美，多幽闲思怨，他有一首写梅雨的，末两句况味悠远：

> 试问闲愁都几许？一川烟草，满城风絮，梅子黄时雨。③

也因了这句，人称贺梅子。以所咏之物入名号，当是极高的赞誉。

梅子黄时雨，当是此时。花谢果熟，梅子泡酒，这是自然送给初夏的礼物。桐桐，以前我和你说过，以梅入馔，是文人极喜爱的事。《诗经·周南》里说，“摽 [biào] 有梅，其实七兮！”意思是说梅子开始凋零了，树上还

② 出自《约客》，作者是南宋诗人赵师秀。

③ 出自《青玉案·凌波不过横塘路》，作者是宋代词人贺铸。

青梅

有七成。这里的梅就是梅子。在很长一段时间，人们用它来做调味品，所谓“若作和羹，尔唯盐梅”[4]，它和盐一样重要。到了汉末，青梅煮酒，吃法就有意思起来了。

④ 出自《尚书•说命》。

江浙梅园多，当地人也喜欢泡梅子酒。去年梅雨时我去苏州，就见着酒坊在泡梅子酒。老苏州的做法，一斤梅子一斤酒，再加七两糖，做出来的梅酒可以挂杯。女孩子喜欢，但于我而言就太甜了，和苏州菜一般，腻喉。

这个季节，除了梅子成熟，栀子也开花了。

石屋清珙[5]禅师有句诗，是这样写的：“过去事已过去了，未来不必预思量。只今便道即今句，梅子熟时栀子香。”

⑤ 出自《你听菩萨说过》，作者石屋清珙禅师，元代高僧。俗姓温，字石屋。

不念过往，不忧未来，梅子熟时栀子香，多自然的句子。

后来，弘一法师曾手抄过这首诗，他的字很拙，谈不上技法，却哪都让人舒坦。更主要的是，每个字都一颗颗的，极干净，能让你自然而然地透过书法进到内容里。佛家说，明心见性，大约就是如此。

桐桐，我想让你妈妈去野外剪一枝栀子回来，三五片叶子，五六个花苞，静静地养在水里，你写作业的时

栀子花

候可以看见它。两三天后，花苞裂开，满屋子都是香的，这香味真好闻，能让你记一辈子。

我更想你的课业能少一些，我带你来山上玩，给你讲这一草一木的故事。

愿你

安康！

家智

芒种

栀子花

夏至

06.21／前后

桐桐，这个季节看蛙是最好的，因为在它们求偶的高峰期，林子里的水塘边蛙声一片。小巧的姬蛙、土气的泽陆蛙、打快板的弹琴蛙、碧绿的中国雨蛙，这些我们去年都曾见过，再次相逢，如晤旧友。还有一件令我兴奋的事，我看见了今年的第一只萤火虫。

XIAZHI

夏至

虫鸣蛙叫声中，最动听的是记忆

桐桐：

见字如面！

昨天下了一场雨，是黄梅天的样子。温度很高，让人感觉浑身黏糊糊的，分不清是汗还是空气里的水分，极不清爽。我于四季都是爱的，却独怕这一小段时光，湿中生热，常常中暑。你是极好动的姑娘，这一阵子要收敛些，水要多喝。等暑假了，你和我进山，那里会凉快些，可以尽情放肆。

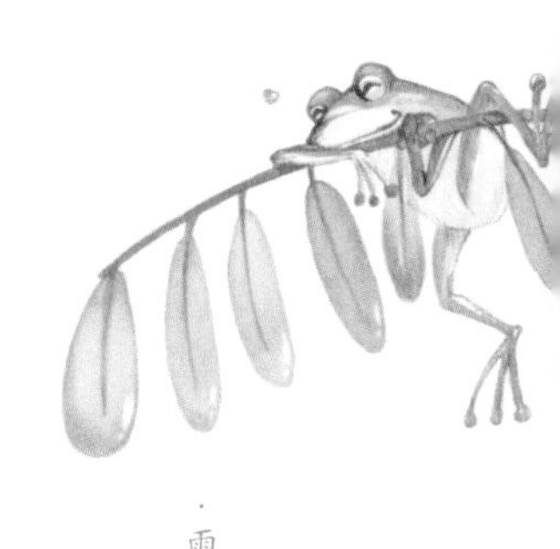

雨蛙

白天不适合出门，夏夜却极精彩。雨在半下午就收了，傍晚时还出了夕阳，映得远山上的天际深红浅黄，斑斓若梦。等天黑透，万物静寂，是虫鸣蛙叫的世界。

桐桐，这个季节看蛙是最好的，因为在它们求偶的高峰期，林子里的水塘边蛙声一片。小巧的姬蛙、土气的泽陆蛙、打快板的弹琴蛙、碧绿的中国雨蛙，这些我们去年都曾见过，再次相逢，如晤旧友。还有一件令我兴奋的事，我看见了今年的第一只萤火虫。

这是一只端黑萤，橙黄色的身体，前翅末端黑色，故得此名。听着蛙声，看着萤火，该是多美的世界啊。“萤火一星沿岸草,蛙声十里出山泉”[①]是诗里的意境。

白石老人将诗绘成了画,就叫《蛙声十里出山泉》,

① 出自《次实君溪边步月韵》，作者为清代诗人查慎行。

是赠给老舍的画作。这是一幅立轴，笔法简约，两壁山涧如墨，涧中流水如奔，六只小蝌蚪正顺流而下。整个画面没有一只青蛙，却十里蛙声隐隐，是大境界。

桐桐，你看了是会喜欢的。因为你有过这样美的记忆。

有时候想想，真的没有什么能比这些美好的记忆更珍贵了。我坚持给你写信，也是为了留住这些美好的东西，等你长大了再来读。

从惊蛰开始，转眼间已是夏至了。

夏至是夏天的第四个节气，也是二十四节气中较早被确立下来的时年八节中的一个。所谓“至”者,极也。太阳直射地球的位置到了最北端，故而逢着此日，昼最长，夜最短，就是所谓的“日长之至，日影短至，故曰夏至。”

时令行走至此，也就意味着夏天已经很深，是将要入伏的时候了。

入伏后，热归热，却很清爽，比梅雨天要舒服。我小时候，极喜欢这样的夏天，不仅仅是因为有长长的假期，还眷恋着窗外长长的叫卖声。

从早至晚，有卖油饼卖馒头的，有卖冰棍的，用厚厚的棉被包裹着，装在箱子里；有货郎担摇着拨浪鼓，卖着针线和零嘴，大老远就听见动静；还有卖花的，总在清晨出现，也许是花怕热，太阳一晒就蔫了。

现在卖花的少了，但苏州还有。我每次去苏州，行程极随意，逛园子也是避着人群。留园、苏州博物馆，还有园林博物馆的人都不多，感觉很好。上一次去还是去年这个时候，在忠王府看过了文征明手植的紫藤出来，到拙政园入口一带，有很多阿婆肘上挎着竹篮，手上端着盘子，里面整齐地摆着栀子花和白兰花，一朵朵的，极娇嫩；茉莉则用铁丝串着，像珍珠手串，逢人就迎上来，“啊要白兰花？”行人不理，又换下一个，我看了很久，少有人买。

白玉兰

在杭州是很难看见卖花人的，大部分人家里的插花也只有百合、月季了，有人送花才把空了半年的瓶子找出来插满，并不是主人自己的情趣。我倒是很留恋以前的卖花场景，江南小巷，唤声悠长，有生活的味道。

清代彭羿仁有一阙词《霜天晓角》,是讲卖花声的，极美：

睡起煎茶，听低声卖花。留住卖花人问：红杏下，是谁家?

儿家，花肯赊，却怜花瘦些。花瘦关卿何事？且插朵，玉钗斜。

吴侬软语，历历可听，而最圆匀的，无过于唤卖白兰花的苏州女儿了。在周瘦鹃的作品里，可见卖花女，她们大多从虎丘来的，因为虎丘一带，培养白兰花和栀子花的花农最多，初夏栀子含蕊时，就摘下来卖给茶花生产合作社去窨花，那些过剩而已半开的花，就让女儿们到市场上去唤卖了。除了栀子白兰花，其他花也卖，玫瑰、玳玳花、含笑，那清脆的声音也随着花信而更替。

现在苏州卖花的已见不着女儿家了，连阿婆也不再吆喝唤卖，也许要不了多久，就再也看不到了。

桐桐，在芒种给你写的信中，我说过，栀子是不能摘一大捧插在瓶里的，香味太浓，也俗气。最好是野外选一枝，含花带苞三四个头，拿回家插在玻璃瓶里，能香一两周。现在公园里种了很多，都是重瓣的，为观赏品种，花极多，但花谢时颇为残败，逢着雨天，败的花挂在枝头上，很脏的黄色，有碍观瞻。

重瓣的栀子也难结果，平常入药的黄栀子是野生品种，山上容易见到。我每年秋天都要去山上采一些回来晒干，留着染黄色。采摘的时机要选好，不能太晚，否则都被鸟吃光了，留下满树的空壳。我尝过，很苦，不适合人吃。鸟的味蕾不辨苦辣，吃下去可以传播种子，这是植物的智慧。

·黄栀子

在秦汉以前，染黄色应用最多的植物应该就是它。《汉官仪》记有："染园出栀、茜，供染御服。"茜是茜草，可染红色，红黄多为皇家钟爱，便也离不开栀子。汉马王堆出土的染织品的黄色就是以栀子染色获得的。但栀子染黄耐日晒性能较差，因此自宋以后染黄又被槐花部分取代了。

有意思的是，在《史记·货殖列传》中有这样一段话：

及名国万家之城，带郭千亩亩钟之田，若千亩卮茜，千畦姜韭，此其人皆与千户侯等。

大致意思是说，假如你在郊外有亩产一钟的千亩良田，或者千亩栀子、茜草，千畦生姜、韭菜，那家产可与千户侯相等了。

千亩栀子林抵一个千户侯；再有千畦生姜、韭菜，岂不是可以封王拜相了！

而对于花农而言，就没有这么多奢望了，花能卖完，养家糊口，足矣。再养一个读书的子弟，便是光耀门楣的希望。

而于你，桐桐，我更希望你为自己的梦想活着。能博闻广识，能民胞物与，爱自己也爱别人，一辈子都是个有情趣的人。

果能如此，你会幸福，我会满足。

此愿

夏安！

家智

夏至

小暑

07.07/前后

这是我给你写的第几封信？一个节气接着一个节气，偶尔会忘了时间，幸好草木总会提醒我，石榴花红过五月，六月的新荷轻举，这是自然的时钟。

小暑

有新生，就有希望

桐桐：

见字如面！

我在山谷的小房子里给你写信，子夜时分，外面的森林黑漆漆的，白天下雨，晚上没有月光，也没有星子，我在窗前坐着，一会儿欢喜，一会儿落寞。

这样的夜，是很容易惹人回忆的。赵师秀说，“有约不来过夜半，闲敲棋子落灯花”，是一种闲逸，是一种焦急，也是一种无奈。我在这样的黑夜想起了故人，也想起了我的童年。

那是二十年前的辰光，一群孩子在广袤的山野间结伴而行，前推后挤。野果，晚霞，村庄里的炊烟，都是引我们回家的路信。后来慢慢地，我们走进了丛林，荆棘遍布，便只能松开手，各人专心走各人的路，奔各自的前程。

有些人，数月未见;有些人，数年未见;还有些人，十数年未见。

但他们都是我的朋友。我挂念他们和挂念你一样。

这是我给你写的第几封信？一个节气接着一个节气，偶尔会忘了时间，幸好草木总会提醒我，石榴花红过五月，六月的新荷轻举，这是自然的时钟。

蟋蟀

在杭州看荷花最好的地方是郭庄，近处远处都是荷花，蜻蜓立在上面，可以看见翅膀的颤抖。再远处是西湖群山与山顶的建筑，保俶塔娟秀如少女，雷峰塔厚重如老衲，看荷花、看风景，也看得见过往的时间。

荷花开起来，天气也湿热难当。现在已经是小暑了。

小暑是夏季的第五个节气，它标志着季夏的开始。暑者，从日也。自此而后数十日，太阳炙烤着大地，温风衰竭，是极热的时候。暑字前面加个小，是说热度犹温，后面跟着是大暑，层层递进，野田禾稻半枯焦，夏日也就到了高潮。

天热了，鸣虫最是热闹。小暑二候，蟋蟀居宇。桐桐，你应该听过蟋蟀的鸣唱，尖而锐利，有金属之音。比蟋蟀更容易见到的是螽 [zhōng] 斯，顶着两根长长的触须，像闹天宫的大圣。

宋代有个画家叫韩佑，江西石城人，擅长花卉草虫，曾画过一幅《螽斯绵瓞 [dié] 图》。现而今，知道韩佑的人已经不多了，但这幅画却很有名气，南宋时被内府收藏，清乾隆年间入选著名的《石渠宝笈 [jí]》，世事更迭，它现存于台北故宫博物院。

这幅画构图极简单，描写了田间一角，花叶生长茂盛，瓜果也已熟透，引来了两只觅食的螽斯。瓜和螽斯，都是古人喜欢的题材，瓜蔓绵延生长，不断结实，螽斯亦生产力旺盛，诗词画作，常以此祈愿家族多子，香火旺盛。

螽斯

远在周代的《诗经》中，就有了螽斯的影子。

《周南·螽斯》中有这样的句子："螽斯羽，诜诜兮。宜尔子孙，振振兮。"

螽斯振羽，是夏夜里极美的事情。杭州植物园的分类区有一片杜若丛，夏夜里开满了晶莹的花朵，一粒粒的，珍珠一般。我从杜若花边走过，螽斯在叶子上放肆地鸣唱着；雌螽斯是不唱的，有几只在一抖一抖地颤动着尾部，能看见白的卵产下来，那是新的生命。

有新生，就有希望。

对了，桐桐，今天白天我去这附近的村子里闲走，看见了好几株栌 [lú] 兰，正开着花。

栌兰也叫土人参，马齿苋科土人参属多年生草本植物。原产于南美洲，现在在中国种植范围很广。我上一次见到是在芹川。

芹川是我比较喜欢的古镇，去年夏天去过一次，人极少，水也极干净，能看见成群的鱼在阳光下游弋；鹅呆头呆脑地站在石桥下，像是在打盹，又像是沉思；老人们大多倚门而坐，蒲扇轻摇，和镇子一般古老。

古镇多是老房子，虽也有新的建筑夹杂着，但相比于其他地方，它的妙处就在于游人少。这是小镇居民们生活的地方，而不仅仅是供人参观的景区。

因为在这里生活着，随处就能看到生活的痕迹，比如房前屋后的花草。

无论是天井，还是小小的院落，都摆满了各式花器，有陶瓷、瓦罐，也有石臼和废弃的猪槽。器物林林总总，里面的植物也千奇百怪，从葱到牡丹花，以及小株铁树之类的都能见到，隔壁有好的花草，打个招呼，移一株来，不像城里的年轻人，只能去花鸟市场。

我喜欢这种物物交换的方式，植物能接地气，也好养活，最主要的是有人情味在里边。

我就是在这里见到了土人参。这种东西城里不易见，一到乡下，连石头缝里都能开出粉红的花来。

植物和人一样，各有各的活法。

土人参正在开花，在这样满眼皆是素色的地方，突然发现一抹粉红，是很让人兴奋的事情。花很小，直径一厘米不到，星星点点的。但因为密集，就显得尤为娇艳，灿若春霞。雄蕊比花瓣要短，顶着明黄的花药，是花朵里最常见的红黄配，看着很舒坦。

· 栌兰

我后来跑过很多江浙农村，在许多人家都发现了这个东西，如花盆里种葱一般寻常。厨房烧菜，缺了一个汤，可以摘一把土人参的叶子，味道不赖。土人参是肉质根，纺锤形，样子和人参有点像。到了冬天，草木凋零，可以挖出来煲鸡汤或者炖猪蹄，我没吃过，猜测应该比不上山药美味吧。

夜已经很深了，外面依旧寂静。你应该在梦中了，希望你能睡得好。

就写到这吧，我去看会书。

盼你早点来。

家智

小暑

大暑

07.23 / 前后

晚上我们出去夜观，“萤火一星沿岸草，蛙声十里出山泉”，这些诗句讲的都是人世间的美景，并非虚妄。古人讲，腐草为萤，这是大暑一候的现象，至此时节，幽阴至微之物亦化而为明也，故而萤火漫天。

DASHU

大暑

萤火一星沿岸草，蛙声十里出山泉

桐桐：

见字如面！

桐桐，这几天你在山里算是野够了，成了疯丫头，蚱蜢和竹节虫见到你都要急急逃走。每次带你们上山，我总是很晚睡，白天上完课，晚上再带你们去看夜里的世界，九点十点回到屋子里修照片，孩子们笑靥如花，都是美好的记忆。

今天也照例晚了，我坐在楼下，听着蛙声与螽斯的声音，隔着纱窗，见着你们房间暖暖的灯光，突然想起了去年冬令营的场景。

冬令营带你们上山，本是想去寻一场雪的。为了那场与冬季的相逢,我跑了很多地方,最后相中了菩提谷。有一晚，我们做竹灯，山里的夜又黑又冷，一群孩子打着暖暖的灯笼走过石板桥，走过曲曲折折的竹林路，最后到达住宿的庭院，屋里的壁炉正烧着火，妈妈们在等着，那是世间最美的场景。

那一晚，灯笼在屋外点着，很多孩子睡不着，在床上惦念着。我也一样。

直至凌晨两点，我确定是不可能睡着了，便穿衣出门，看见了星斗、灯光与月亮，都是暖的颜色，却都发着冰冷的光。地上的霜依旧是白的，结着一层厚厚的冰碴，踩上去咯吱作响。

那一次比较遗憾的是终究没有遇见雪。

冬日里访雪不遇，夏夜的萤火是自然对你的补偿。晚上我们出去夜观，“萤火一星沿岸草，蛙声十里出山泉”，这些诗句讲的都是人世间的美景，并非虚妄。古人讲，腐草为萤，这是大暑一候的现象，至此时节，幽阴至微之物亦化而为明也，故而萤火漫天。

“腐草为萤”是一个美丽的误会，萤火虫产卵于水畔，古人不知道它是怎么生长的，便疑心它是腐草幻化而生，而科学总会打破我们对神秘的幻想。桐桐，我们在水边见到过萤火虫的幼虫，它们身穿黑褐色铠甲，威风凛凛，完全不是成年后闪如星辰的浪漫模样。但有一点古人没有言错——萤火虫在夜空中出现，预示着大暑来了。

大暑是一年中最热的时候，城里是呆不得的，幸好我们躲进了山里。昨天你和我说，如果有个神仙，来给我们下一场雪就好了。我当时想到六月飞雪是不吉祥的，就没接话茬。后来我突然记起神话中是有掌雪之神的，她是个仙子，即便焦禾遍野，她也不怕热。

·萤火虫

这个仙子叫姑射仙子，出自庄子的《逍遥游》：“藐[miǎo]姑射之山，有神人居焉，肌肤若冰雪，绰约若处子。不食五谷，吸风饮露。乘云气，御六龙，而游乎四海之外。其神凝，是物不疵疠而年谷熟。”

桐桐，当你静下来的时候，姑射仙子会去你心里和你相会。等你再大一些就会明白，总有些人，眼睛里皆是美景，世界里满是清凉。

至于盛夏，还有另一股清凉，那就是“浮甘瓜于清泉，沉朱李于寒水”[①]。此为消暑乐事，但唯有在农家方可享受，城里没有井水，也没有现摘的甘瓜朱李，连穿堂风都没有，实在是遗憾。

① 出自《与朝歌令吴质书》，作者为三国时期曹魏开国皇帝，魏文帝曹丕。

躲过正午的暑气，我带着你们走在田野里，边走边讲诗经中的故事，诗经里面有很多美好的田园小景，食瓜，收麦，摘梅，所有人都在时令里应时而作，辛苦却快乐。他们遇见了种种草木，有喜欢的，也有不喜欢的，但都记录了下来。

狗尾草就是他们不大喜欢的。在《齐风·甫田》里有这样的句子：

无田甫田，维莠骄骄。

简简单单的几个字，描述了田园荒芜、野莠丛生的景象。那么，莠到底是什么呢？

《太平御览》里说：“今之狗尾也。”没错，桐桐，

狗尾草

就是你用来编小兔子的狗尾草。

狗尾草和高粱、黍、薏苡之类同属于一个家族，都是黍亚科。据说它结的种子可以吃，和小米差不多。不过除了灾荒年，没听说谁会吃草籽，人不吃留给鸟吃，正好。

自然里，凡所有生灵，皆得生养。

有一种植物叫棕叶狗尾草，原产于非洲，在杭州很多地方都可以看到，西湖边上、植物园和西溪湿地都有种植。名字相近，但它和狗尾草长得完全不像，叶子很像端午包粽子的粽叶，有平行的纵深皱折。叶子基部有毛,大概半厘米长。而狗尾草的叶片扁平狭长,通常无毛。

还有一种，是狼尾草。狼尾草其实只能算是狗尾草的堂亲，并不是真的一家人，虽然长得很像。狼尾草是狼尾草属的，个头比狗尾草明显要大，刚抽穗时，刚毛粗糙，有淡淡的紫色。叶子线形，细长，比狗尾草要长很多。

以前庄稼人恨子弟没有出息,总是骂“不稂不莠”。指的就是这两种东西。

自古以来，狗尾草就被归类于杂草。《尔雅》里这样说，“莠者，害稼之草。”它的生长不择地利，在海拔4000米以下的荒野、道旁、河畔，无处不见它的身影。哪怕是一堆石砾，只要能扎根，它就能长出来，并在秋日里摇摆着软软的穗，结出饱满的籽。

狗尾草虽不适合吃，但可以入药。《本草纲目》里将它称为光明草，说其茎可治目痛。还有一种做法，是将晒干的狗尾草籽做成枕头，夜晚睡觉，有草的清香，是很美的事情。

桐桐，等到秋天，我来试着收集一些种子，给你做成枕头，让你的梦中淌满山野的味道。

天不早了,就写到这。等你走时,可以带走这封信，带走我们的盛夏时光。

愿你好梦。

家智
大暑

我总在想，古人说腐草为萤，指的是全部的草类么？或者在他们眼中，只有一种植物才能幻化为萤？我不确定，但知道有一种草，就叫萤火虫草。

这种草，就是鸭跖草。在温州平阳一带，当地人的闽南语系中，将鸭跖草称为“火金龟草”，火金龟就是萤火虫。

桐桐，鸭跖草你是认识的，它的生命周期和萤火虫相似，花期看似很长，从夏末一直到深秋，但每朵花却很短暂，晨曦绽放，午后凋零，如同萤火虫一般，历经数月的艰辛才化蛹成虫，而成虫后只有四五天绽放的生命。

无独有偶，在英语中，它的名字叫“Dayflower”，朝生暮死，极其让人感伤。但光阴如流水，一个节气接着一个节气地流转着，我们谁也留不住，唯有珍惜岁月。

家智又及

秋

立秋

处暑

白露

秋分

寒露

霜降

立秋

08.07/前后

宋朝人讲究，立秋这天宫里要把盆栽的梧桐移入殿内，时辰一到，太史官高声奏道："秋来了。"奏毕，梧桐应声落下一两片叶子，以寓报秋之意。

立秋

我们俯察万物，也仰望星空，那里是梦的归宿

桐桐：

见字如面！

自从写了节气家书，我总觉日子过得很快。光阴一晃，十五日便如晨露般划过叶尖，落到了尘埃里。这期间，你偶尔来看我，在我身边呆几天，便又回到了城里。

你走那天，我在外边忙，快到发车时间才处理好事情，便飞跑着回来送你。我知道，你一定还没上车，无论多急，我都要和你说了再见再目送你离开。后来，听你妈妈说，你等了很久也不肯上车，因为你一直坚信我会赶回来。

谢谢你，桐桐。我相信你会等我，你相信我一定会来。如同草木相信节令，总是如约开花，按时结果，不负天地。

除了送你，这整个月，我都在山上迎来送往。每每感动，每每不舍。

这个山里的庄园，总在你们走后变得空落落的。我像是驻守在荒原里的树，等着你们来，又送你们走，时而高兴，时而落寞，总是念着你们。

夏令营的每一期都是五天，上次你来，我们遇见了昆虫，也看见了星子。

夏夜的璀璨银河，正是童年该遇见的梦境，也是凡尘里可触摸的生活。当夜幕降临，星空亮起，指星笔抵达了昏暗的北极星，牛郎织女也在夜空中相望，还有清晰的夏季大三角。桐桐,我带你俯察万物,也仰望星空，因为那里是好奇心的起点，也是梦的归宿。

还让我难忘的，是竹船的夜火与萤火虫的繁星若梦。光是这世间最有能量的东西，它能唤起希望，也能照亮归途。我总想用光营造场景，譬如竹船摇曳，是曹孟德流觞 [shāng] 千里赋诗横槊 [shuò]；譬如草地上飞火流萤，是星星抛洒了一地，噼里啪啦落满你们的梦。

桐桐，你来的时候还是大暑，现在马上要立秋了。我的家书跨越了三个季节，马上要去往第四个。

立秋，是二十四节气中的第十三个，也是秋天的第一个节气，节气走到这儿，孟秋时节就正式开始了。立者，开始也；秋者，揫 [jiū] 也，物于此而揫敛，是到了由阳转阴，万物收敛的时候。在周之时，每临是日，周天子要亲帅臣工迎秋于西郊，白车白服，歌《西皓》，舞《育命》，以祭白帝、蓐 [rù] 收。白帝就是三皇五帝中的少昊，其族以凤为图腾，逐渐形成了凤文化，成了华夏文明的主脉之一。蓐收是少昊的儿子，《山海经》里说：

> 西方蓐收，左耳有蛇，乘两龙。

就是这个长相奇特的人，被封为秋神，住在一个叫泑山的地方。这山南面多美玉，北面多雄黄。蓐收长居于此，既管着落日，也管着秋收，我总羡慕他，觉着他能看见这世间最美的景。

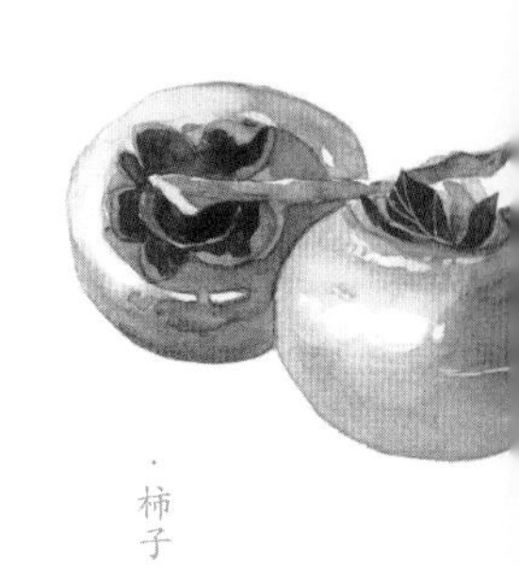

柿子

关于立秋，还有一个成语，叫一叶知秋。这是《淮南子》里的话，原句是“见一叶落而知岁之将暮”，这个“将”字用得极好，是要来未来，欲凉还热，正是现在的样子。宋朝人讲究，立秋这天宫里要把盆栽的梧桐移入殿内，时辰一到，太史官高声奏道：“秋来了。”奏毕，梧桐应声落下一两片叶子，以寓报秋之意。我总是好奇，梧桐叶是怎么掉的。桐桐，你猜呢？

桐桐，入了秋，就要读秋天的诗，看秋天的风景了。

陆放翁的诗是可以秋天读的，有一句，“老作渔翁犹喜事，数枝红蓼 [liǎo] 醉清秋。”[①] 寥寥两句，意境极美。我以前在良渚的时候，曾多次在园中遇见这样的清晨。

① 出自《蓼花》，作者南宋诗人陆游。

园子里有一条人工开凿的水系，水旁多巨石，我喜欢坐在那儿，晨光静谧，薄薄的雾笼在水上，红蓼就长在水边，不言不语，叶子上挂着晶莹的露珠。一连几年，它都会在那里按时生长、开花，赴约一般。我也在那看了它几年。后来离开了，再没见过。

红楼梦里有蓼汀花溆 [xù]，却是另外一番景象。清秋几许，在水之洲，蓼花团团簇簇，嫣红一片。没有了秋季悲凉的气氛，倒是显示了富贵人家落寞前的繁华。

红蓼喜温暖湿润，喜光照充足；宜植于肥沃、湿润之地，也耐瘠薄，适应性强，对土壤要求不严，又喜水还耐干旱，没有病虫害，粗放管理即可。

与红蓼相近的,还有一种蓼科植物,叫马蓼。桐桐，也许你还记得的，我带你见过，前几天也在开花，植株比红蓼要大，叶子上有着明显的黑色斑点，在农村极容易遇见。

在我小时候，每年甫入秋，柿子还没成熟，但孩子们是等不及的。青柿子摘下来，齐整地码在坛子里，灌上水，用马蓼封口，再盖上盖子，浇沿口水。约十天的样子，水变成了黑色，柿子也熟了，外皮青亮，肉变成了橘红色，有着浓郁的香味。我是不喜欢吃软柿子的，但这种用马蓼腌过的柿子，让我经年难忘。

若你秋天来，我们一起用马蓼腌一坛柿子，让你们也尝尝我小时候尝过的味道！桐桐，我愿用我所知所学，带你去体验这世间有意思的生活，去看天地为我们造设的美景。

愿我能滋润你的童年。

即颂

秋好！

家智

立秋

处暑

08.23 / 前后

我常在晒谷场上听见鹰的叫声，一抬头，就会看见它在蓝天白云间盘旋的剪影，一圈一圈地飞着，有时候会飞到山的另一边，那是一个我要走很久方可看见的世界。

处暑

桐桐：

见字如面！

孩子们都告别离开了山房，夏天也结束了，山谷里静悄悄的，我收拾完教室往回走，四面是竹山，顶上是高远的蓝天，有白云在绵绵地移动着，变幻出凤凰与犬的形状。四野无人，也无鸟兽，只有两只鹰在空中盘旋，发出尖锐而苍凉的叫声。

我听见鹰叫，总觉着是秋天到了。这是童年给我的印象。

桐桐，你是知道我的家乡的，在一片水草丰美、四面皆山的谷地。入了秋，便是收获的季节，先是芝麻和大豆；然后是棉花，是水稻；霜降之后收番薯，一茬接一茬，田野一次比一次空旷，最后露出厚实而广袤的土地来，等到黄冬腊月，落上霜，盖上雪，干干净净。

孩子们从入秋开始就要下地干活了，我常在晒谷场上听见鹰的叫声，一抬头，就会看见它在蓝天白云间盘旋的剪影，一圈一圈地飞着，有时候会飞到山的另一边，那是一个我要走很久方可看见的世界。大人们不喜欢鹰，一看见总要“嗬嗬”地恐吓它，防着它一个俯冲，便会抓走一只鸡。

鹰

我虽知道它是对鸡的威胁，却总不讨厌它，也总是盼着它来。此一点，不能为我的父母理解，也难以为其他的小伙伴理解。

桐桐，我想，你是理解我的。如果你和我一样在这样的山谷里看见鹰，你也会盼着它来。

鹰在空中久久盘旋，是处暑到来的征兆。古人将处暑分为三候："一候鹰乃祭鸟，二候天地始肃，三候禾乃登。"

"鹰乃祭鸟"，就是说处暑甫至，老鹰能感知秋之肃气，开始大量捕猎，但它捕捉到猎物不会先吃掉，而是先陈列出来，如同拜祭。鹰用鸟祭祀，自然不是真的，就像"腐草为萤"一样，是古人浪漫的想象。

后五日"天地始肃"是指万物启始凋零，慢慢有了肃杀之气。古有"秋决"的成法，就是为了顺应天地的肃杀之气而行刑。

再五日"禾乃登"，"禾"指的是黍、稷、稻、粱类农作物的总称，"登"取"五谷丰登"之意，意思是天气肃杀后，各种农作物开始成熟。

处暑，处，止也，暑气至此而止矣，等待我们的将是一个清凉的世界。桐桐，你看，这个节气的作用主要是告诉我们气温将要变化了。

二十四节气大致可以分为三类，一类是指示季节的，比如立春、夏至；一类是反应物候现象，指示农事的，比如小满、芒种；还有一类就是反应气候特征，除了处暑，小暑大暑、小寒大寒皆为此类。

先人们在节气里行走、生活，他们沿着这条路一路走一路做记号，给后人以指引。桐桐，当我领着你重走这条路时，看见了他们看见的鸟，也看见了他们种下的花，更主要的，是我们也在节气里找到了属于我们自己的草木，并且，我们也做下了记号，给别人看。

属于处暑的植物，是牵牛花。

小时候在农村，每每此时节，秋稻可收，农事正忙。庄稼人起得早，男人们下地干活，女人们在厨房里开始了一天饮食的忙碌。晨曦微茫时，一个个院落都静极了，整个山村只有锅碗瓢盆和浆洗的声音。所有的节奏都很慢，但有一处是快的，是热闹的，那就是满墙的牵牛花，它们都在努力地生长，还有开花，然后结实。马上要霜降了，这是它们最后的繁衍机会。

牵牛花和葡萄藤一样，只一个早上，它要是喝足了水，能窜高两三寸。我亲见了它一个晚上在竹篱笆上爬了整整一格。

它的花苞很漂亮，从叶柄处生出来，挂在茎条上，长长短短的，极有情调。起初只三五朵，并不起眼，但总有一日，忽而一夜梦醒，便是满墙的花朵，伴随着厨房里荡出来的炊烟，在院墙上热烈地开放。它们总是和主妇们比赛，看谁起得更早。而主妇们似乎也能听得见这一个个小喇叭里奏出的曲子，从不缺席它们的演奏。

及至八九点钟，太阳升起，炊烟渐息，男人们陆续

从地里回来,牵牛花也收拾好姿态,准备谢幕。到十点,这个世界都热闹了,院墙却安静了下来,牵牛花默默地闭合、凋谢了。

柳罐牵牛花

我离开故土已很多年,在城里,也再难见到那满墙的牵牛花。

后因种种因缘,我认识了不少植物,但最最难忘的,还是那些在乡野间伴随我成长的野花野草。有时候,哪怕只惊鸿一瞥,只一个小小的字眼,都能引起我的无限回想。

一日,读加贺千代的俳句,写到朝颜,方知这种情愫 [sù],中外亦然。她如此写道:

井边柳罐挂,
朝颜蔓儿爬满了,
提水到邻家。

多美的场景啊!清晨早起,来到井台边汲水,却发现取水的柳罐上爬满了朝颜蔓儿。主人惜花,不忍弄伤朝颜,只得去邻家借水。

这里的朝颜,便是牵牛花。

加贺千代是江户时代日本著名俳句女诗人,地位好比中国的李清照。17 岁投在俳圣松尾芭蕉门下,所留名句甚多。只是一生坎坷,子死夫亡,后入松任圣兴寺削发为尼,晚年所咏俳句也大多凄切伤感:

“爱子啊，今天你又跑到哪里去捉蜻蜓了？”

桐桐，这一句是她悼念儿子的，爱子已逝，不奉晨昏，每每念此，不忍读之。她的儿子，就是在捉蜻蜓时不幸溺水身亡的。

桐桐,还有一本书,叫《源氏物语》,里面也有朝颜，她是源氏求之不得的女子。在这本书里，光源氏一生风流，唯独槿姬不为所动，是精神伴侣。

日文的“槿”，就是牵牛花。

光源氏曾送过一盆牵牛花向槿姬示爱，后来又写了一首和歌给她：

昔年曾赠槿
永不忘当初
久别无由见
花容减色无

槿姬也回了一首：

秋深篱落畔
苦雾降临初
槿色凋伤甚
花容有若无

流年已逝，花已半残，往事只堪回首，往事亦不堪回首。可堪回首是独自回眸情意无限，不堪回首是回马寻踪物是人非。

桐桐，写到这，我已经有点伤感了。便不说了吧。我种的牵牛花已经开花了，结果后给你留一些种子。

谨致

秋好！

家智

处暑

白露

09.08/前后

桐桐，白露而后，水瘦山寒，大地渐渐也干净了起来。江南多水，此时草木萧瑟，背景就空了，一眼望过去，渺渺茫茫，最能赏的，就是芦雪和蓼花了。

白露

雁起汀洲，红蓼花开水国愁

桐桐：

见字如面！

我在大理的苍山上给你写信，山上处处是冷杉，和高山杜鹃长在一起，混成极简单却也极茂盛的森林；山下是澄净的洱海，崇圣三塔，还有古老的大理城。阳光掠过山巅，洒在城市与水面上，那是温暖的颜色，是与山顶不一样的世界。

高山杜鹃

我穿着羽绒服，看着山下的暖，天高云阔，听风与水的声音，也听喇嘛庙的梵唱，天地行吟，无所不美。

这次爬苍山，对我是一种考验。我长了三十岁，所有的外出都是慢慢行走——慢慢地看草木生长，慢慢地听屋檐下铜铃作响，光阴慢，人也慢，仿佛这样才可以与古人对话，与天地神游。陪朋友出去，也总是一路上不紧不慢地瞎扯，一草一木，皆可往古来今。

昨天一上山，我就知道慢不下来了。十点左右坐索道上山，约十点半登顶，朋友在山顶候着，见面没有叙话，就一路上拍着植物进山。因为是保护区，游客是不能进山的，我们走进了一片人迹绝至的森林。我长期生活在江南，看惯了江南的草木，一到这里，处处是新鲜，总觉得每一种都是这世间最难得的精灵，只有高原的雪水方配滋灌它。

山路很窄，宽只容一人，脚下皆石砾；偶有涧水漫过，淙淙有声。间有泥土路，杜鹃花和苍山冷杉的叶子覆了厚厚的一层,众人行过,嚓嚓作响。除此两种声音，林中总是寂静的，看见一群血雉在岩石堆上跳跃，却一声也没有发出，只是警觉地钻进岩石缝里。据说那一堆如瀑布般倾泻而下的岩石是冰川遗迹，100 万年太久？好像也不是太久，山河仍在。

上午十点半从洗马潭出发，在等高线上曲曲折折的上下翻越,林子越来越深,遮住了阳光,也隔绝了人世。到了傍晚六点，体力已经耗费得差不多了，背上的包裹越来越沉重。过了烟雨亭，等到达小岑峰的电视台，已经是夜里九点钟，此处海拔 4092 米。深夜走这么长的山路，于我是第一次，一侧是草木山石，一侧是悬崖万丈，夜行客在苍茫的云雾间挪动着脚步，艰辛、疲惫，但总有东西在支撑着我前行。

桐桐，我很看重精神的力量，是因为在面对生活的难处时，那些美好的人与事总在身体里支撑着我，伴我走过难关。希望你也是。

这个季节来苍山顶上，大家都要穿羽绒服的，而山下，却秋光始现。这是不同海拔所呈现的不同风景。在你的城市，白天虽然还热，但早晚应该也凉下来了，夜晚出门，露水重了，总是要加件衣服才好。

如果去到山里，温度会更低一些，早晨的草地如雨后一般水湿沉沉，是白露的节令到了。

白露是秋天的第三个节气，标志着孟秋的结束和仲秋的开始。当此时节，夜色转凉，水汽在草木上凝结成晶莹的露珠，秋色主白，故名白露。

古人写三秋景色，最凄美的当是秦风里的《蒹葭》：

“蒹葭苍苍，白露为霜，所谓伊人，在水一方。”

这首诗里虽有白露，写的却该是霜降以后的景色。花白如雪，求之不得，冷却是冷到了骨子里。

桐桐，白露而后，水瘦山寒，大地渐渐也干净了起来。江南多水，此时草木萧瑟，背景就空了，一眼望过去，渺渺茫茫，最能赏的，就是芦雪和蓼花了。

西溪湿地看芦雪最好的地方是秋雪庵。秋雪庵最早叫大圣庵，始建于宋孝宗淳熙初年，后改名为资寿院，明代陈继儒取唐人诗句“秋雪濛钓船”的意境，题名“秋雪庵”。现在所见，是现代重建的。其地处孤岛，需乘舟前往，为西溪第一景。

芦苇

现在芦苇正抽穗，看芦雪漫天的场景还太早，得到深秋才行。大约立冬，由此处向东南而望，无际的芦苇滩连绵摇曳，月光与芦花皆白，是清冷而干净的琉璃世界。

芦花尚早，看蓼花却正是时候。《红楼梦》里也有看蓼花的地方，元妃省亲一回，行至石港处，匾灯明现着“蓼汀花溆”四字，名字极艳，花团锦簇的，是宝二爷的风格，完全没有秋的寂寥。

唐代有个诗人，叫罗邺，余杭人，他写过两句诗：

暮天新雁起汀洲，红蓼花开水国愁。

这样的句子，方才配得上清秋寒水。白露前后还有一个节，就是中元节，佛教里称为盂兰盆会。在我小时候，这个节和清明一样隆重，但又不同。清明是对祖先的祭祀与追思，是慎终追远的意思；而中元节是在秋熟时节，祀祖是要用新收的粮食的，既要供奉行礼如仪，又是向祖先佑护收成的致谢，所谓“敬致尚飨”，就是这个意思。

除此之外，中元节还有一个特殊的意义，就是施孤。除了祭祀自家的祖先，还要祭祀孤苦无依的亡灵。

在浙江丽水，很多山村都设有义祭坛，如此正式而隆重的祭祀孤灵，我在其他地方没有见到。

在我老家江西彭泽，这一天的祭祀是不用上祖坟的，晚饭之前，在中堂摆饭食三碗祭祀先祖。夜色黑透了，便要在十字路口设祭，仪式极其简单，在地上画三个圆圈，焚烧三堆纸钱，一堆是给列祖列宗的，一堆是给家里最新故去的长者的，还有一堆便是祭祀孤灵。祭祀完了，便家家掩户，这一夜是不能再出门的。

我每于这一日，总会思念我的祖父。我思念他对我的好，也思念他生活的样子。

我总记得，祖父走了几十里山路回家，在门口种下了两棵悬铃木和一大丛木芙蓉。奶奶在树边种了倭瓜和冬瓜。

木芙蓉

此后四五年，悬铃木渐渐长高，落在地上的影子也越来越大；每逢秋凉，树叶黄落，木芙蓉灿若烟霞，而葫芦科植物坚韧的老藤牵牵蔓蔓,爬到树上,缠着花枝。钻进草丛里，就能找到黄的倭瓜和青皮白粉的冬瓜。

日暮的时候，太阳还斜斜地照在晒场上，铺满晒场的豆禾干枯而厚实，山村里天高云阔，晒场上能听见豆粒出荚的噼啪声。家里的猫很老了，也懒了，偶尔追逐一下滚动的豆粒，大多时间都昏睡在竹篾的垫子上。

祖父总是在此时收工回家,一把靠背椅,一把方凳，白瓷的茶杯放在方凳上，亲手种的木芙蓉正在冲他笑。现在我才知道，那是神仙过的日子。

后来他的腿坏了，再也走不了路，坐在晒场的时间就更长了，不仅秋天，春天也坐在那，冬天也坐在那，拐杖总在地上写画着，笑容却很少。其他的时间就躲在家里抄书，都是他读过的古书，一摞摞宣纸裁成条幅，再装订成册，黑墨抄写，朱砂断句，积累了一大箱。偶尔也给庙里抄写经文和卦签，都是乡土先生干的事。

木芙蓉又开了两个秋天，依然在对着他笑，只是花越来越少了，没人照料。最后，他终究没熬过去，回到了祖茔。

一晃二十年过去,家门口的木芙蓉早已不再,而我，却在杭州的水边常与它相遇。因为我的祖父，我便格外地爱它。

写到这，似乎有些伤感了。便说到这吧。

愿你都好！

家智

白露

秋分

09.23／前后

秋分前，杭州下了场雨，一夜之间，天地凉薄。母亲和我说，这是在 “冻桂花”：桂花欲开，须得寒凉几日，才开得香、开得盛。落桂如雨，也是在这场秋凉之后方可见到的。

秋分

这缕幽长纯净的桂花香，是给有心人的礼物

桐桐：

见字如面！

秋分前，杭州下了场雨，一夜之间，天地凉薄。母亲和我说,这是在“冻桂花”:桂花欲开,需得寒凉几日，才开得香、开得盛。落桂如雨，也是在这场秋凉之后方可见到的。

杭州看桂花，总要去满陇桂雨，本地人称之为满觉陇，位于南高峰南麓的山谷之中。此地从唐代开始就遍种桂花，千年不衰，但逢八月，落金如雪，是极壮观的。杭州赏花，有三雪很著名——灵峰的早春探梅，谓之香雪；西溪的九月芦花，谓之秋雪；再一个就是满陇的八月桂花了，谓之金雪。

·桂花

桐桐，像我这般怕闹的人，看花是很少去这样的胜地的，路两旁都是树，花多，人也多，我所不喜。我也不喜欢盛花期的桂花，总嫌过于丰腴，过于甜腻，少了秋的文气。

等到秋残花落，桂花零落成泥，方才是赏桂的好时节。一场秋雨后，湖山人少，草木嵯峨，远处的湖是水洗的墨色，天边低压的云也是墨色的，桂花没了，泥土里却有幽香一缕缕的氤氲出来，是最纯正的桂花味儿。

经过了泥土与落叶的过滤，甜腻的味道淡了许多，却层次丰富，况味悠长，是天香。

赏桂，总是赏它的香的。白乐天牧杭州，曾写过这样的句子：

江南忆，
最忆是杭州。
山寺月中寻桂子，
郡亭枕上看潮头。
何日更重游?

月中寻桂，幽香而已。桐桐，我们的眼睛见过太多色彩浓烈的画面，鼻子也闻过太多芬香馥郁的味道，但真的能走进心灵深处的，总是那些洗尽铅华的风景。

山寒水瘦，水落石出，天地的华服层层落尽，大地终于露出了沧桑的肌理，我们走在这样干净的秋里，心里总有寂寞，此乃四时之情，是不需要回避的。丰腴甜腻的桂花属于狂欢的大众，从土里渗出的桂花味才属于在山间独行的自己。

桐桐，我想将这幽长纯净的味道送给你，让你闻见秋天，也看见自己。

奥地利诗人里尔克有几句诗，就是关于秋日的，我很喜欢，便送给你：

谁此时没有房子，就不必建造，

谁此时孤独，就永远孤独，

就醒来，读书，写长长的信，

在林荫路上不停地

徘徊，落叶纷飞。[①]

桐桐，我正醒着，也走过了长长的林荫道，那里落叶纷飞。我躲进书房读书，给你写长长的信。秋分了，书房里清香袅袅，无有四季；书房外却别有天地，物换星移。

古人以立秋为秋的开始，到了秋分日，九十天的秋季就算过了一半了。当此之日，昼夜均而寒暑平，是个时间节点，过了这一天，一夜长似一夜，一直延续到冬至日，黑夜最长白昼最短，又是一个轮回。

到了秋分，昼夜温差也增大了，一般温差可达到10摄氏度以上。桐桐，你每天早起去上学，还是要多穿件衣裳，这个季节最易感冒，要注意些才好。

我小时候读书要翻越一座山岭，再过一道峡谷才能到学校，最厌恶的便是清晨赶去早读，因为路远，天刚明就要出发，故而总觉得秋冷。

宋人陈与义有一首诗写的就是寒秋早行的场景，我读了颇觉得亲切，仿佛就是童年的场景：

露侵驼褐晓寒轻，

① 出自《秋日》。

星斗阑干分外明。
寂寞小桥和梦过，
稻田深处草虫鸣。[2]

② 出自《早行》。

我读书时的早行，也要过一座小桥，过大片的稻田，菜园，还有瓜地，虫子的鸣唱声是记不得了，天上的景象却记得很清楚，偶有残月，偶有星子，却都明亮极了，清晰极了，今所难见。

秋夜寂寥，星与月便成了主角。古人崇拜日月天地，便也祭拜日月天地，这样的祭祀，是国之大事，一般是需要天子亲祭的。

《礼记》中有这样的记载："天子春朝日，秋夕月。朝日之朝，夕月之夕。"这里的夕月之夕，指的就是秋夜祭拜月亮；是哪个秋夜呢？秋分之夜也。

桐桐，你去北京玩，是可以看见月坛的。天地日月，皆有坛可祭，这是古人对天地的敬畏。

月坛位于皇城西边的阜成门外，也称夕月坛，除了祭祀月神，还祭祀诸天星宿的神祇。后来，中秋也祭月，但祭的都是满月了，"铺床凉满梧桐月，月在梧桐缺处明"，望着天上的大团圆，祈求人间的小团圆，是美好的祈盼。

祭了月，再过几日，便是仲秋了。这几天，荷花正谢，桂子初香，最热烈的应该要数黄山栾 [luán] 树了，它最有秋的况味。

桐桐，如果你留心就会发现，前一阵子黄山栾树还在开花，细碎的黄色花瓣组成长长的花序，明晃晃的，耀眼极了。秋风一起，花还没来得及谢，胭红的蒴果就开始挂满了枝头，沿着行道树远远望去，红红黄黄的，一层一层绵延开来，壮观以极。

杭州的很多园子都喜欢种几棵黄山栾树，日头落时，在门槛上坐一会。一阵风吹过，黄的花瓣落雨般掉下来，在石板上铺了薄薄的一层，这种与自然安静地对视，常常让人不忍离去。

黄山栾树的花朵很小，常被人忽视，只有当你从地上捡起那明黄的花朵，才知道它有多美！四个黄色的小花瓣整齐的长在同一侧，花瓣基部是一点血一般的胭脂红,那是自然赐予的特殊的印记。八根雄蕊纤细、柔美，顶着淡褐色的花药，如孩子的睫毛一般鲜活。

也有人说，这是老僧坐禅。每朵花瓣，都如一位高僧披着金黄袈裟打坐诵经，法相庄严。

其实，这花瓣是能染色的，寺院多有种植。逢着秋日，僧人在石板上扫罗半筐黄花，捣碎浸泡，染取一领僧衣。

桐桐，等秋再深一些，花谢完了，只剩下满树的果子，如串串灯笼。果实为蒴 [shuò] 果，外面由纸一样的三片果皮包裹着，每片果皮三角形，里面结的便是木栾子，可以做念珠的。不过这些，都是旧日的故事了，现在的寺院也种黄山栾树，但少有人知道是因何而种了。

写到这，夜也很深了。窗外很黑，有雨的滴答声，如更漏一般。有点困了，便搁笔吧。

此致

秋好！

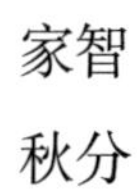

家智

秋分

黄山栾树的果实

寒露

10.08／前后

我曾见过丽水人晒秋、层层叠叠的房子，层层叠叠的竹匾和晒簟，柿子可晒，辣椒、茄子、玉米、番薯，甚至土豆片，无所不晒。农村的秋天从田野转移到了村落，农民将这个色彩斑斓的季节收在箩筐里，摆在晒场上，最后收入仓廪，以待寒冬。

寒露

桐桐：

见字如面！

我在安吉的大石浪给你写信，现在是早晨五点钟，天边刚刚露出了鱼肚白。山里面人烟稀疏，周围除了鸟声和水声，一切都是安静的。我要和你说说这里的水声，真是喧闹啊，从早到晚都轰轰隆隆，站在溪边讲话，得扯着嗓子喊才行。

我住的房子就在溪水边上，夜夜枕着溪声入梦，清晨又听着水声起床，渐渐也就与它相熟了。这么大的水声，行也是它，卧也是它，却不遭人讨厌——你忙时，它渐渐从耳边淡去，若隐若现；闲下来了，又渐渐大起，可入你书卷，伴你瑶琴，也可就着茶汤喝下去。

桐桐，凡山水清音，莫不如此。风吹幡动，一颗广博的心总可接纳万物。

我喜欢在这里一个人散步。

看见那株柿子树，便是在竹林间的一个老院子。院子很老，土坯墙已经坍圮了一半，蛛网纵横，衰草靡披，是很萧索的秋景。

幸好，柿子红了，是吉庆的颜色。

柿子是过了寒露才好吃的。寒露之后，温度骤然降低了，柿子上开始渐渐结起了糖霜。柿子才下来吃不完，可以晒成柿饼，柿饼上也结着霜。我不喜欢吃柿子，却喜欢看，长在树上或摆在盘里都是极美的，遇见乡下人晒柿饼，则更是美不胜收了。

我曾见过丽水人晒秋，层层叠叠的房子，层层叠叠的竹匾和晒簟[diàn]，柿子可晒，辣椒、茄子、玉米、番薯，甚至土豆片，无所不晒。农村的秋天从田野转移到了村落，农民将这个色彩斑斓的季节收在箩筐里，摆在晒场上，最后收入仓廪，以待寒冬。

晒秋的匾

桐桐，寒露是秋天的第五个节气，再过一个节气，秋天就结束了，要拉开冬的序幕。

白露、寒露、霜降，这三个节气都有水汽凝结的意思，只是程度不同。白露是初始，水汽氤[yīn]氲[yūn]，天地初寒；其次是寒露，露气寒冷，夜风萧条，天地寒凉正在慢慢酝酿；到了霜降就是露结为霜的时候了，蛰虫咸俯，天下大白。

每年在杭州，这样的节气总是多雨。秋雨淫淫，冷而且湿。好在秋色美丽，雨天过西湖，浑身都能沾满桂花的香味，柳三变说，"三秋桂子，十里荷花"，这是杭州最美的东西。到了寒露，荷花要变成残荷了，连采莲的季节，也快过了。

说到采莲，《西洲曲》里有几句诗，是讲江南采莲的，清雅别致，读起来好听：

采莲南塘秋，莲花过人头。

低头弄莲子，莲子青如水。

这几句诗本是南朝乐府民歌，最早著录于徐陵所编《玉台新咏》。小楫轻舟，水远如墨，采莲女吴侬软语穿荷而过，都是极美的。

其实，这首诗前面还有两句：

日暮伯劳飞，风吹乌桕树。

意境更美，只是悲凉了些，有秋的寂寥。

伯劳是江南极易见到的一种小型雀鸟，常栖止于树梢，性凶猛，也叫屠夫鸟，常把猎物挂在枝桠上，然后慢慢啄食，有点曝尸的味道。

乌桕红叶

乌桕是大戟科乌桕属的变色叶乔木，在江南极为多见，大小差距也大，有的是石缝里的一株小苗，有的是高达八九米的参天大树。《本草纲目》里这样描述它：

乌桕，乌喜食其子，因以名之。或云其木老则根下黑烂成臼，故得此名。南方平泽甚多。

乌，即是乌臼鸟，也叫黎鸡，或者鸦舅。其实，乌桕子是有毒的，人不可食，鸟的消化食道和人不一样，所以鸟吃得的人未必能吃。

树以鸟名，是文人的游戏，后来，乌桕树也称鸦舅，陆龟蒙说，“行歇每依鸦舅影，挑频时见鼠姑心”，这里的鸦舅，就是水畔的乌桕了，鼠姑则是牡丹。

乌桕多见，也极好辨认，它的叶子互生，是典型的菱形。初生时微红，继而渐渐转为碧绿，夏日里叶片长得严严密密，犹如伞盖，很有荫凉。但这种荫凉是不适合乘凉的，因为乌桕上极容易生长刺蛾，也就是俗称的洋辣子，掉在脖子里让人很痛苦。

入了秋，果实成熟，叶子也开始转色，白的乌桕子搭配着绿叶、黄叶和红褐色的叶子，透过落日的光，是很美的图景。读林和靖的诗，有一句是“巾子峰头乌桕树，微霜未落已先红”，写得就是此时的场景，寥寥两句，意境极美，也极贴切。

寒露后会落霜，晚起的人是不知道的。不过此时是早霜，只薄薄的一层，只有历经浓霜，它的色彩才能变换成如火如霞。桐桐，你能想象吗？到了初冬，一弯浅水旁，天地素净，一树大的乌桕，橙黄、火红，色彩斑斓，像一幅很美的巴比松油画。

其实，最美的尚不是它的色彩，而是它的果实，也就是乌桕子。《随园诗话》里，袁枚讲了这么个小故事：

余冬月山行，见桕子离离，误认梅蕊；将欲赋诗，偶读江岷山太守诗云：“偶看桕子梢头白，疑是江梅小着花。”杭堇浦诗云：“千林乌桕都离壳，便作梅花一路看。”是此景被人说矣。

桐桐，冬月行山，桕子似梅，是值得赋诗以贺的。

乌柏子

乌桕结果的时候，外面包裹着一层结实的青壳，摸起来很光滑。随着秋意渐凉，外壳慢慢变黑，最后倏然炸裂，桕籽用力挣脱外壳的束缚，露出洁白的籽来。这时节，叶子已渐渐疏落，满树洁白的桕子星星点点，是有些寒梅绽放的味道。

在以前，很多地方拿乌桕当经济作物来种，到了秋天,需要去采收乌桕子换钱的。乌桕子是一种工业材料，榨出来的油可以做蜡烛，所谓“上烛公卿座，下照耕织者”，说的便是它。

做法其实也不复杂，剥去灯心草的外皮，晒干，熬桕油拖蘸成烛，外面再加一层蜡即可。如果想做成红蜡烛，就用紫草汁染色。

湖州、余杭一带习俗，婚嫁、祭祀必燃两烛，皆是紫草汁染过的红桕烛。婚嫁用之曰喜烛，祝寿所用曰寿烛。如果是丧事，则用绿烛或白烛，亦桕烛也。

时过境迁，如今我们所用的蜡烛已经是石油工业的产物。桕烛也就成了一种对旧时光的怀念。我去野外捡拾乌桕子，总想着能在桕烛下读书，这似乎是难以达成的事了。

就写到这吧，我要去工作了。

即颂

秋安！

家智

寒露

霜降

10.23 / 前后

我是觅着秋的踪迹来到山上的。几个小时之前，我还在植物园，枫香的叶子开始变色了，银杏叶青青黄黄落了满地，城里的秋来得晚，也来得慢，温温吞吞的，总不如乡野的秋色热烈。

霜降

倦鸟归巢，百虫咸俯，各自都有了归宿

桐桐：

见字如面！

我是觅着秋的踪迹来到山上的。几个小时之前，我还在植物园，枫香的叶子开始变色了，银杏叶青青黄黄落了满地，城里的秋来得晚，也来得慢，温温吞吞的，总不如乡野的秋色热烈。

但还是有收获的，壳斗科的果子开始成熟了。从杭州植物园的南门进去，左转就是壳斗科的范围，我迷失在林子里，像饿极了的松鼠，从一棵树下到另一棵树下，欢快地捡拾着落地的橡子。

一路下来，槲 [hú] 栎、栓皮栎、东南石栎、石栎、锥栗、苦槠 [chǔ]、尖齿栲、赤皮青冈等等，总有七八种，装满了口袋。这些我都给你留着，装在你的百宝箱里，写作业累了可以拿出来玩玩，每一粒果子都有着往古来今的故事。

百宝盒

当然，我更希望你能自己去林子里捡果实，咱们捡回一大捧，在溪水旁生起一堆篝火，铜锅煮番薯，野火烤栗子，都是能让你尖叫的味道。

寒露的时候我在安吉，带着一些孩子爬山。那天雾真大，落在头上身上和下雨一般，草尖上都挂满了水珠。

番薯

孩子们却很兴奋，在山路上奔跑，捡了很多栗子。桐桐，真可惜你没来，石头垒灶，烧一锅番薯。在等番薯的时候，把栗子一颗颗地扔进火堆，“砰”的一声，一个栗子咧着嘴蹦了出来，孩子们一拥而上，抢到的跑到一边呼呼地吹气，没抢到的马上回去焦急地守着火堆。

和孩子在一起时每每遇到这种场景，我总是很高兴，因为童年就应该有这样野的生活。那天我写了首打油诗，读给你听：

溪畔一锅番薯，
野火几缕秋芳。
浮生恍然若梦，
烤个栗子真香。

我这次觅秋而来的地方是清凉峰。

大山里，没有年轻人。目之所及，是拥挤的房子，落魄的土狗，还有背着长杆敲山核桃的长者，以及从半山腰漫延到溪谷的稻田。

《诗经》里说，“八月剥枣，十月获稻”。

江南的晚稻正在收割，稻田尽头也有人家，觅小路而上，过山核桃林，便可登山。这个季节上山，菊科和旋花科俨然主导着山野的花期，花都不繁复，也不惹眼，大家更关注的是能不能找到野果。这才是秋天的味道。

而果子呢，总得霜打过才好吃。柿子、山楂皆是如此。番薯也一样。

桐桐，今天是霜降了，又一个节气。露结为霜，这两日起个早，应该可以见到，薄薄的一层，却有着刺骨的寒冷。

霜降是秋天的最后一个节气，过了这十五天，连深秋都溜走了，四时之气，便只剩下寒冬，这样的节气是主肃杀的，故而旗纛 [dào] 祭祀便是在霜降日举行。旗纛相当于现在的军旗，自周朝而始，朝廷极重视用兵，认为是国之大事，每逢惊蛰、霜降二日都要祭祀军牙六纛之神，以壮军威。同时也陈兵习战，杀牲以飨将士，是极隆重的国家祭礼。与其他祭祀不同，旗纛祭祀都是武官与祭，和百姓干系不大。

除了祭旗，死刑勾决也多在霜降之后冬至之前，也称为秋决。这种做法从西周就开始了，至西汉武帝时期，董仲舒提出“天人感应”说，他认为，“天有四时，王有四政，庆、赏、刑、罚与春、夏、秋、冬以类相应”。天意是“任德不任刑”“先德而后刑”的，所以应当春夏行赏，秋冬行刑。而霜降之后，天地始肃，杀气已至，便可“申严百刑”，以示所谓“顺天行诛”。这一制度，一直延续到了清末，除谋逆大罪外，皆待秋决。

霜降之后，天地干净，就是另外一种美了。倦鸟归巢，百虫咸俯，各自都有了归宿。种子也要开始旅行了。

说到种子，我很喜欢顾城的一首诗，《门前》，节选一节给你听：

我多么希望，有一个门口

早晨，阳光照在草上

我们站着

扶着自己的门扇

门很低，但太阳是明亮的

草在结它的种子

风在摇它的叶子

我们站着，不说话

就十分美好

桐桐，不管认不认识植物，人们都是爱着自然的。只是有些人走进去了，有些人还在森林外边向里张望。

自然主义者梭罗就是住在森林里的人，他有一本书，叫《野果》，读起来会比《瓦尔登湖》轻松许多，因为单个篇幅都很短，厕上、枕上皆无不可。抱着好玩的心态去读，非常好，循着四季而走，看得见花开，也闻得着果香，凡世间事，“味道”二字最是紧要。

尤其是霜降后，于人兽飞禽而言，是最能果腹的时候。

而对一年生草本来说呢，每逢秋黄，最壮观的时刻就是传播种子。就像蒲公英一样，伫立在草木之间，静静地等待有风吹来，将种子飘到远方的土壤上，经冬寒、春暖，方可重生。

还有一种植物，叫苍耳，我今天又见到它了。它没有蒲公英一般的翅膀，等到秋来，就只能安静地等待。假如有一只小兽恰好经过呢，它的种子就紧紧地黏在皮毛上,散落四方。这种等待充满了绝望,但又不敢放弃。就像人们再苦再难，总会坚守梦想，万一有小兽路过，真的实现了呢?

苍耳

这个季节去野外，都能见到苍耳。它很不起眼，叶子略呈三角形，上面绿色，下面苍白色，长满了粗糙的伏毛。叶子边缘有着不规则的粗锯齿，三基出脉，侧脉弧形，一直延伸到叶缘。我看见它的时候，果子还没熟透，绿色的瘦果上长满了刺。虽然没熟，但果子已经很硬，我费了很大的劲，都没能将它破开。

苍耳的果实也叫苍耳子，可入药，能祛风散热，解毒杀虫。其实，药不药用不打紧，对待自然，最让人尊重的是一种“民胞物与”的精神，大家皆是生灵，无论美丑，皆有可爱之处。更何况，对熊孩子而言，苍耳是比玫瑰花更有意思的东西。

桐桐，我总能记得二十多年前的场景：秋日里，山野逐渐空旷起来，稻子已经收割，茫茫的稻田变成了孩子们的战场。日头西斜时，野火一丛丛的生起，浓浓的烟雾和远远的烟囱遥相呼应。燃烧的稻草里不断发出噼里啪啦的声响，残留的稻穗里不断蹦出白白的爆米花，孩子们在疯抢。玩到酣处，战争就会开始，每人一把苍耳子,尖叫、奔跑,乡村与山野总会因为他们而变得热闹。

暮合四野，战场逐渐清冷。每个孩子都带着一身的苍耳子回家。家里等待的，是饭菜与妈妈的责骂。

这样的日子，是我童年的记忆。我希望你也能有这样的记忆。

秋真的冷了，你要多加衣裳。愿你吉祥。

家智

霜降

冬

· 立冬
· 小雪
· 大雪

立冬

11.07／前后

当有一天在树下行走的人不在了，鹅掌楸的黄叶依旧从树上飘下来，树下仍有个捡拾落叶的姑娘，一片又一片，捏在手里，像一件件黄马褂。

立冬

愿你心底丰盈，无有寂寞

桐桐：

见字如面！

我昨晚梦见回到了家乡，醒来清泪两行。

最近太忙了，跑了很多地方，松阳、武义、缙云，还有四明山[①]，无处不是古旧的农村，无处不是家乡的样子。

尤其在四明山，有个古老的村落叫柿林村，崖上崖下种满了柿子。我前天去，叶子落光了，只剩下火红的果挂在枝头上，背景是萧瑟的山水，是黛瓦白墙，历历入画。我见过很多处的秋景，即便是满山红叶，也总不如这里的热烈。村子里人不多，烟火味却是很足，柿树下摆满了竹筐，老人们就坐在后面闲聊，也不叫卖。语调是我听不懂的宁波方言，这一点让我觉到了仍在异乡。

什么是家乡，什么是异乡，桐桐，我难以向你描述清楚。但我知道，家乡于我是个最后的归宿，行走万里，我终将回到那里。但在归去之前呢，我已将那里的山水装在心底，时时往顾，时时慰藉，故而处处皆是它的影子。

我很爱北宋的文豪苏东坡，他有一首《定风波》就写到了这种家乡之情，我读给你听：

① 四明山，也称金钟山，主峰位于浙江省嵊州市境内。

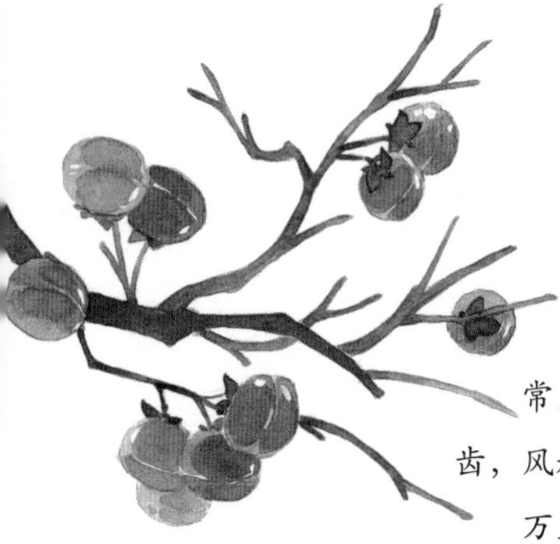

常羡人间琢玉郎，天应乞与点酥娘。自作清歌传皓齿，风起，雪飞炎海变清凉。

万里归来颜愈少，微笑，笑时犹带岭梅香。试问岭南应不好，却道，此心安处是吾乡。

·柿子树

“此心安处是吾乡”，多豁达的句子，却也是历经九曲回肠之后的无奈。乌台诗案后，除苏东坡被贬，亦有数十人遭受牵连，王巩被贬宾州，就是现在的广西宾阳，是被贬得最远、责罚最重的，其后遭遇也凄凉。我读东坡的《王定国诗集叙》，第二段开头写到：“今定国以余故得罪，贬海上三年，一子死贬所，一子死于家，定国亦病几死。余意其怨我甚，不敢以书相闻。”每每读此，总是心有戚戚然。

幸而被贬期间，有歌女柔奴随伴。柔奴本富家女，后家道中落沦为歌妓，乌台诗案后，毅然跟着王巩去了边穷之所。元丰六年，王巩北归，与东坡聚酒，柔奴同席。东坡问及广南风土，柔奴答以曰：“此心安处，便是吾乡。”而后方有了这曲《定风波》。

桐桐，以后等你大了，也要去外边游历世界的。我对你的期盼更深一些，不仅要记得家乡的美，心里也要装着这世间万物的美，凡我们见过路过，无不是陪我们同行的，愿你心底丰盈，无有寂寞，即便在寒冬的森林，也有一幢小木屋，燃好了炉火，无处不是你的归宿。不必像我，在苦苦地觅着家园。

说到寒冬，今天已经是立冬了，是冬的肇始。

二十四节气行走到这，也就到了最后的序列，再而后呢，一元复始，万象更新，又是一个轮回。

桐桐。古人写信，总要托于信使，再而后是无尽的等待。等过了长夏，等过了三秋。“雁字回时，月满西楼”。[②]这种相思是苦的，故而有了鸿雁传书，有了鱼肚尺素，人们总能于苦楚处生出浪漫。

② 出自《一剪梅·红藕香残玉簟秋》，作者是宋代女词人李清照。

我今年给你的信，也是如此。今人的苦楚不在于音讯不通，不在于慢，而在于太方便了。一切都得来的太容易，便什么都想得到，什么都要便捷。少有人愿花时间慢慢铺开信纸，好好地写上一封长信了。我真喜欢今年的状态呀，我一封封的给你写，你一封封慢慢地读，就这样走过草木，走过四季，一直走到了立冬。

立冬是与立春、立夏、立秋合称“四立”，是极重要的日子。在古代农耕社会，辛劳了一年，立冬这一天是要休息的，晒冬阳，包饺子，是对家人的犒赏。而于天子，则要迎冬的，以示庄重。此例从先秦时就有，后世也大体相同。先立冬三日，太史官面谒天子，曰:“某日立冬，盛德在水。”天子开始沐浴戒斋。立冬当天，天子亲率三公九卿大夫迎冬于北郊。迎冬之后，还要赐群臣冬衣、矜恤孤寡，有“大庇天下寒士俱欢颜”的意思。

说是到了冬天，但江南还是秋的样子。对于四季，个人都有不同的偏好，我是偏好冬的，山川萧索，天地大白，我喜欢苍茫的景象。

叙利亚有个诗人，叫阿多尼斯，他喜欢秋。在《我的孤独是一座花园》里，有一章这样写道：

冬是孤独，
夏是离别，
春是两者之间的桥梁，
唯独秋，渗透所有的季节。

在初冬看秋景，也是别样的味道，乌桕、枫香、法国梧桐、无患子，还有挂着灯笼的黄山栾树，都是极美的。桐桐，我读大学时学景观设计，老师总讲好的设计师会运用季相变化。“季相”这个词多半是为秋景设计的，三秋将尽，层林尽染，草木相、众生相，不一而足，也是有了他们，才有了这个娑婆世界。

想到了秋叶，我就想到了鹅掌楸 [qiū]，这是你最喜欢的。我见过很多鹅掌楸的黄叶，城市里零零散散，少有成气候的；倒是余杭乡下的苗圃里，成片的长着，虽是杂交种，但不影响它的美。一场连绵的冷雨之后，黄的叶子厚厚的铺在路上，踏上去绵绵的，像是走在铺满松针的丛林。这个季节已经冷了，凄风苦雨，很容易让人伤感。加上苗圃处在僻远的乡村，遇着傍晚，路灯昏黄，行人凋零，仿佛旁边的老房子随时会有一扇门推开，走出一个绿箬青蓑的人来。

桐桐，我也喜欢这样的植物，季相分明，老气却有记忆感。当有一天在树下行走的人不在了，鹅掌楸的黄叶依旧从树上飘下来，树下仍有个捡拾落叶的姑娘，一片又一片，捏在手里，像一件件黄马褂。

树叶长得像黄马褂，这是多么有趣的事呀。

在清朝,着黄马褂是有定制的。一般两种人可以穿，一是皇上的近侍，如领侍卫内臣、御前大臣、乾清门侍卫、护军统领之类的，穿“行职褂子”，虽是黄马褂，却有点工作服的味道，工作到期了，就得脱下来，不能再穿了；还有一种是赏穿黄马褂，这和加封巴图鲁，赏戴双眼花翎一样，是一件能光宗耀祖的事，这种黄马褂是可以传家的，在任何庄重的场合都可以穿。

终清一朝，最有名的黄马褂应该是李鸿章的那件。1895年，李鸿章在日本签订《马关条约》之前，遇浪人行刺，血染黄马褂。遭此生死大变，李中堂仍不忘让随从将黄马褂保存好,说“此血可以报国矣。”只不过，对于政客的这一类自我描红，国人一般不大买账。

桐桐，上次我和你说过了，鹅掌楸也叫马褂木，就是因为叶形酷似黄马褂。也有说像鹅掌的，皆以象形而名。若以珍稀程度来排资论辈，鹅掌楸可赏十次黄马褂，外加双眼花翎，赐紫禁城骑马。

这种木兰科鹅掌楸属的落叶乔木和水杉、银杏一样历史久远，是一种古老的孑[jié]遗植物。在白垩[è]纪（始于距今1.37亿年，终于距今6500万年）的化石中，就有它的身影。到新生代第三纪还有十多种，到第四纪冰期才大部分绝灭。现仅残存鹅掌楸和北美鹅掌楸两种。

在《中国植物志》中，这样描述它的珍稀：

·鹅掌楸

> 树干挺直，树冠伞形，叶形奇特，古雅，为世界最珍贵的树种。但近年来屡遭滥伐，在其主要分布区已渐稀少。

一直都坚持用科普术语，词句冷淡的《中国植物志》，这次居然用了“古雅”“最珍贵”等词，其珍惜程度可见一斑。

很多人都爱它的叶子，却不知春花也同样不能错过。鹅掌楸的花杯状，像一只精致的琉璃盏，一簇簇叶子捧着，盛满了琼浆玉液。也有说像郁金香的，它的英文名称是“Chinese Tulip Tree”，翻译过来就是“中国的郁金香树”。

桐桐，我至今记得第一次见到鹅掌楸开花时的样子，这种兴奋，仿佛是去年万岁爷刚赏了黄马褂，今年春暮，又赐了酒。等明年开春，你见了，也定会喜欢的。

就写到这吧，上次听你的声音有点咳嗽，不知道好了没。还是要多喝开水，穿暖和些。

此致

冬安!

家智

立冬

我捡了一些马褂木的叶子，做成了书签。下次见面时给你，我猜你会喜欢的。

家智又及

小雪

11.22／前后

小雪后，木槿的篱笆已落光了叶子，番薯也收了上来，菜地的颜色越发单调，只有菜的绿，只有萝卜的白与红。农活也开始少了，村妇们开始伺候菜园子。新收的稻草挑到菜畦里，将长在地里的大白菜包起来，故而叶片肥嫩，少有冻伤腐烂的。

小雪

桐桐：

见字如面！

我在鸡的鸣叫中醒来，迷蒙间有点恍惚，今夕何夕？仿佛是童年的乡村，童年的光景，但又不是。宋人陈与义说，“二十余年如一梦，此身虽在堪惊。”人有了一点阅历，知道了人间冷暖，总有这样的感慨。尤其是他乡遇故乡，很容易让人感怀。

我很久没在鸡鸣中醒来了。拉开窗帘，大雾弥山，外面一片朦胧，古老的村子与千年的红豆杉树都隐在了雾里，隐约可见，却又不真切。桐桐，你下次来农村住就会发现，初冬的山里是极容易起晨雾的，我于此印象颇深。二十年前读小学，早晨六点出门，赶五里的山路去早读，行行走走，孩子们都匿在浓雾中，五米开外看不见身影，唯以呼唤相闻。

我总是走得慢的，一路拈花惹草而过。桐桐，不知道你有没有留意过雾中的花草，那是与晴日所不同的，野菊的花、狼尾草的穗、金樱子的果子，都挂着密密麻麻的露珠，隔着雾，即便你凑得再近，都有一种若有若无的灰色蒙在上面，不似晴日里的艳丽明亮，就像一个受了委屈的孩子，是没有光彩的。

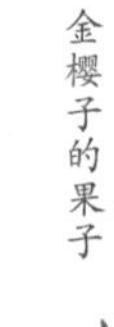

翻过山岗，穿过山谷，再过一座桥，跑过一片田野，就到了学校。浓雾沾湿了孩子们的衣裳，也沾湿了孩子们的头发，现在想来，并不觉得苦，反是那些生活场景与一路花草充盈了我的生命，如炉畔煮酒，滋味悠长。

入冬后，总会有一场冬雨的，称“液雨”。液雨大概是宋人的说法，立冬后十日入液，小雪出液，此间下雨为液雨。钱塘人吴自牧有本书叫《梦粱录》，写的是南宋都城临安的民俗风貌，里面就有提到，说“百虫饮此水而藏蛰”，听起来有些神道，其实是时令到了，一场冬雨，百虫咸俯，都躲到洞里或是枯叶下越冬去了。

人类不冬眠，便只能加衣裳了。我早年写诗，有“恨无御寒衣”之句，现在想想，到底是年轻时候为赋新词强说愁，少了许多平和之气。萧瑟与寒冷，是很容易渲染悲情的。但是桐桐，我喜欢这样的冷天，恰是这种冷能反衬出人情的暖来。大衣，围巾，拥毳衣火炉，即便周遭雾凇沆砀，这个世界也是暖而美的。

穿冬衣，就该有个寒衣节。农历十月初一，也是十月朝，就是寒衣节。在我的老家赣北，寒衣节是给逝去的人过的，有载深追远的味道。原来的风俗是烧寒衣，也叫烧包袱，各种纸衣纸帽纸鞋，用大幅的宣纸整齐包好，写上逝者的祖籍名讳，混着黄表纸一起烧，熊熊烈火，仪式庄严，虽孩童亦不敢嬉闹。后来经济社会，大概是觉着用钱在那边也能买到，就只剩下烧纸钱了，寒衣之名已不复存在，在很多地方料已消弭［mǐ］。

而古代，寒衣节不仅是鬼节，也是天子授衣的日子。《诗经》曰，“七月流火，九月授衣。”说的就是这件事。农历九月末，已是深秋，桑麻之事已毕，天子始授冬衣。一是显示当政者治国以德，有恤民的意思；二是在没有天气预报的年代，昭告庶民严冬将至。到了宋朝，宋人觉得九月入冬太早，推迟到十月朔日，便是而今寒衣节的日子。

过了寒衣节，便是小雪了。

小雪是二十四节气中的第二十个，适此节令，北斗星西沉，“W”形的仙后座再次升入高空。桐桐，去年冬天我带你去菩提谷看星星，小朱老师和你说，到了冬季星空，仙后座将代替北斗星，担当起寻找北极星的任务，为冬夜迷途的人导航。绿色的指星笔如极光般划过星空，你的眼光也延伸到了浩渺无垠的宇宙，寒来暑往，年岁将尽，我希望四季星空不仅在天上，也在你心里。

寒衣是十月朔，小雪多半是十月中了。此时冬雨淫淫，遇冷成霰，飞扬弥漫而成霰雪。霰是指小粒的雪，农村俗称雪籽，文人称米雪，然终究未盛，不成气候，故而曰“小”。再往后是大雪，就到冬月了，如果可能，江浙在这时候才能见到雪的影子，“夜深知雪重，时闻折竹声”，想想就很美好。

除了寒冷的冬雨，江南的小雪节气是没有明显的特征的，而北方则不时有雪的消息，让我很羡慕。退而读诗，白居易有一联句子正是小雪情境，文字极好：

夜深烟火尽，霰雪白纷纷。

这首诗出自他的《秦中吟》，是著名的讽喻诗，元和五年，白居易正值盛壮，是追求兼济天下的年纪，写诗多有抨击时事，后两句是“幼者形不蔽，老者体无温。”每每读此，心生恻然，也敬重他为天下人发声。

而至暮年，历经沧桑后，就多了许多独善其身的味道。又是一年小雪前后，工部尚书卢简辞携子侄登高，俄而霰雪微下，天下茫茫。烟水间恰一叶小舟浮泛，一白衣高士，一如佛老僧，拥炉对坐。人曰乃白傅往香山寺去，卢尚书听后不胜艳羡。

桐桐，你看，这就是人生的不同阶段，不同境界，无所谓高低，但做当做的事，皆可得大自在。

世间得自在的人很多，究其根底，多是知止知足。桐桐，我这阵子在山上，一日三餐皆由楼下阿婆定时做好叫我。饭不过一碗，蔬不过白菜、萝卜、芋艿轮流替换而已，但我丝毫不觉得苦，偶有一碟红烧肉，就是天珍了。

这里的白菜真好吃，阿婆说是自种的，我推开后门去到菜园里，果然一畦畦的生长着，旁边是大蒜、上海青、一点红萝卜，雪里蕻是新栽的，腊月才能收上来腌成雪菜，雪菜炒冬笋，是杭州很常见的下饭菜。

· 大白菜

凡有蔬菜，总是现摘现烧才好吃。至于白菜有多美味，古人早就给了品题。南朝周颙在山间修佛，终日以蔬为食。惠文太子就问他，蔬菜什么最好吃？周颙说：“春初早韭，秋末晚菘。”

这话只有活在自然中的食客才说得出来。早韭俗称头刀黄芽，是韭菜刚生出时，由枯草掩盖着，因为没有过多的光合作用，呈现出韭黄的样子。在古代非一般人家可享，是富贵人家的菜肴。再而后是春韭，春韭肥嫩，做蛋饺是最好的，黄皮包裹着绿的韭菜，是春天的样子。三春一过，韭菜就老了，入口干涩，不卒取食。

韭黄

唐肃宗乾元二年春，杜甫被贬华州司功参军之后，路遇奉先县，与少年故友卫八处士相逢，悲欣交集。“夜雨剪春韭，新炊间黄粱”，都是极简单的饭蔬，却告慰了旧情，给杜甫以温暖。

晚菘是什么呢？就是大白菜。浙江嘉兴有个画家，叫吴藕汀，擅画蔬菜瓜果。他有一幅画小雪风物的，图上不过野菊花、大白菜、山楂而已，画上题诗很有意思，抄给你看：

篱边野菊正堪娱，
戏把山楂串念珠。
小雪寒菘虫害少，
何妨大胆入庖厨。

小雪时节，可收寒菘了，这该也是北方的风俗。成捆的白菜收上来，堆在菜窖里，这样的场景我从没见过。

南方冬天没那么冷，白菜青菜皆可过冬，故而不用那么费事，要吃时径去地里取就是了。

只是我小时候，村妇们更加惜物，小雪后，木槿的篱笆已落光了叶子，番薯也收了上来，菜地的颜色越发单调，只有菜的绿，只有萝卜的白与红。农活也开始少了，村妇们开始伺候菜园子。新收的稻草挑到菜畦里，将长在地里的大白菜包起来，故而叶片肥嫩，少有冻伤腐烂的。摘菜时也舍不得整棵砍掉，而只取外面的叶子，乡语称“白菜帮子”，拿回家炖肉，极鲜美。

桐桐，熬白菜是一道极好的菜，我很喜欢吃，自己也做，只是非到年关不可。黄天腊月，围炉取火，炖一大锅羊肉，暖暖和和地吃着，吃出汗来，很尽兴。羊肉将罄时，白菜帮子放进去慢慢煨，喝汤吃菜，皆有滋味，极妙。

写到这，我有些馋了，和孩子盼过年一样。

窗外雾气散了点，但下起了雨，我只有窝在房间了。无肉无酒，也好读书。

即问

小雪安好！

家智

小雪

大雪

12.07／前后

我小时候，也盼雪。那时候的气候和现在可不一样了，只要我盼，总能见到雪。一夜酣眠，早起时天下大白，远处的山头、池塘、田野，都被雪盖着，只露出一抹抹的墨色。

大雪

你能感受到冷，也看得见光

桐桐：

见字如面！

西溪一别，又半月去了。我总想起那里的芦雪蓼花，飞鸟眠虫，也想起你。

今天早晨收到你妈妈发给我的照片，她说："西溪太美了，孩子们都像在画里走了一回。"我听了真高兴，就像你做对了一件事，被狠狠的夸奖了一番。大人也该有孩子样，很多朋友批评我没长大，我就想怼回去——要长那么大干什么？去撑天么！

话说回来，小雪时的西溪确也是一处胜境，正是看秋色的时候。许多人都说三秋芦雪，其实是有误的，这里的芦苇荡总得入了冬方才隆盛。1915 年，南社姚石子过西溪，写了篇《游西溪记》，登在《南社丛刻》上，其中就写到了三秋芦雪：

"溪以芦花称，当九秋之际，飞绵滚絮，皑若白雪。"

姚先生此行其实并未见到芦雪，一是因为天色向晚夕阳催客，来不及过访；二是因为他去的时候是暮春，正是芦芽参差的季节，所遇非时也。所以，他说的不算，咱们亲眼见过初冬的芦雪，有资格说这时才是美的。

此时的西溪是什么样？我已不确切了，这几天的气温实在降得厉害，白草凋敝，以待严冬，它们都在盼着春归。我知道，你也在盼着，盼冬天的雪。

我小时候，也盼雪。那时候的气候和现在可不一样了，只要我盼，总能见到雪。一夜酣眠，早起时天下大白，远处的山头、池塘、田野，都被雪盖着，只露出一抹抹的墨色。男孩调皮，便去雪地里撒尿，融出一个个浅黄色的窟窿，尿完还见不到泥土，喃，这雪真厚。

我们也堆雪人，唐三藏带着仨徒弟，一个个都很臃肿，像二师兄。那时候雪大，不知节俭，现在下雪，顶多能堆出一瘦猴来。女孩子比着自己的样子堆天上的仙女，摘下自己的围脖给雪人围上，回了家，老人一边训斥着，一边把她摁在火炉边，可有什么用呢，转眼间又溜到了雪地里。

后来我大了，因为怕冷，就很少在雪地里疯玩了，但还是喜欢雪。最近的一次赏雪是在余杭菩提谷，那场雪不大，只一个小时就停了，却是极美的。我坐在二楼的茶室望外边，雪下在大麓寺层层叠叠的屋宇与山林之间，树与瓦与石，与古寺遗留的钟亭，皆苍苍白头矣，渺渺茫茫。新落成的图书馆也伫立在竹林间，四处皆白。这是多素洁的世界，万物皆琉璃。桐桐，你应该来这里，能感受到冷，也看得见光，能在天地间尖叫、打滚，该多美好。

·堆雪人

室内煮茶，酣而饮酒，这是我能学到的先人的雅致。那天的记事本里，我这样写道：

“唯此冬藏日，若能逢得满山大白，便真可读书矣，可长歌兮，可聚啸山林，可入人幽梦。”

我喜欢雪，也喜欢看古人待雪的态度。《世说新语》里讲了一场雪，下在魏晋时的山阴。王子猷 [yóu] 居山阴时，遇大雪，夜半不眠，倚窗而坐四顾皎然，吟招隐诗，饮酒为乐。突然想到戴逵 [kuí] 就居住在百里外的剡 [yǎn] 县，即乘小舟一叶，翩然而往。至第二天早晨，终于到了戴逵的家门口，王子猷站了一会，便折身回去。时人不解，问他缘由，他说了一句很有名的话：

吾本乘兴而行，兴尽而返，何必见戴？

桐桐，你看，这就是魏晋风骨，我来看你，是因为我想，本与你无关。道理浅显，今人反而糊涂了。即或父母子女，知己恩师，也不过是相逢一世的缘分，我们彼此爱着，彼此扶持，在这孤清的世界结伴而行。终有归去时，记着彼此的好，便不负这辈子的相识了。

对了，这里的王子猷就是王徽之，是王羲之的儿子。他们父子待人皆有长情，同样是山阴的雪日，王羲之给朋友写了个便笺，字曰：

羲之顿首：快雪时晴，佳。想安善。未果为结，力不次。王羲之顿首。山阴张侯。

雪后初霁，能想起朋友以及尚未完成的托付，便写封信吧。这就是古人的生活，有烟火味，却又极雅致。这封信后来成了《快雪时晴帖》，就存在台北故宫博物院里，供后世临摹瞻仰。

桐桐，大雪，是对你们多么具有诱惑力的节气呀。这个节气和雨水、霜降、小雪一样，是用来预告气候的。古人总结说，“大雪，十一月节，至此而雪盛也。”对黄河以北的区域来说，也该是白雪皑皑的时候了，而于江南，只是概率大了一些而已，并不一定会真下的。

有盼头，也是好事，你说对么？

到了大雪，农历也就到了十一月。在我老家彭泽，现在还很少用公历，农村人算日子，婚丧嫁娶，排的都是农历。到了十一月，不能叫十一月，叫冬月。老太太串门，问：

“你家小子啥时候回屋里？”

“冬月廿七。”

听起来像戏词里的对白，比简单的数字有味道些。桐桐，你去农村听他们说话，就会发现城里人的传统文化多半是学出来的，而农村人，是流淌在骨子里，张嘴就来，只不过他们不自知罢了。我们应该追求现代科技，但传统的文化也应当继承下去。《论语》里，颜渊问夫子："该怎么治理好国家呢？"夫子回答了一句话："行夏之时，乘殷之辂，服周之冕。"就是说，你得吸收各个朝代好的东西，学习他们的精华，这种精神难能可贵。

过了大雪，入了冬月，中国人进补的时候又到了，我每到岁末年节，心里念的总不是鸡鸭鱼肉，而是时鲜。园子里的白菜，刚出泥的莲藕，连根拔起的蒜苗，如果再来一两颗冬笋，就是神仙的日子了。

什么是神仙，《南华经》里说，"巧者劳而智者忧，无能者无所求，蔬食而遨游，泛若不系之舟。"蔬食是一种境界，我总是羡慕那些茹素的朋友，因为我做不到，见了烤羊腿总会垂涎三尺。而且，我以为，许多素食总需有点肉味才好吃，比如豆腐，比如笋。

桐桐，吃笋是需要来江南的。这时候正是冬笋上市的季节，杭帮菜里有一道腌笃鲜，上海本帮菜里也有，做法不知道有没有区别，在我吃来是一个味儿——都好吃。

腌笃鲜的做法很简单，是一道花时间的菜。腌肉切小片，五花肉切块，加姜片一起放在砂锅里炖。至肉半熟时，冬笋切滚刀块，推入肉汤中，小火慢熬。一道菜下来，总得两三个小时，心急出不了好滋味。我喜欢做这样的慢菜，它自慢慢地炖着，我在火旁看书，看得倦了，汤也就熬好了。

·冬笋

腌笃鲜的名字取得好，腌是指咸肉，鲜是五花肉和冬笋的鲜香,而小火慢熬,气泡在砂锅里咕嘟嘟的冒着,可不就是"笃"么!待"笃笃"之声停歇,揭开锅盖,汤白汁厚,腌肉是绛红色的,冬笋的颜色最是娇艳,似葱白,似翡翠,却又不尽是,撒上几段葱花,是冬日的江南。

杭州人还喜欢吃油焖笋,笋切滚刀块,下锅爆炒,加酱油老酒,少量红糖,没什么诀窍,就是盖锅焖着,三五分钟收汁后即得。我是外乡人,一直吃不了这道菜,总觉得笋应该是清清白白的,失了颜色就少了一分滋味。

宋人林洪是我极爱的文人,就因为一部《山家清供》。这部书里提到了一种吃笋的方法,我总想着去试一试。他说,夏初竹笋盛时,扫叶就竹边煨熟,其味甚鲜,名傍林鲜。竹叶煨竹笋,真好比野火烧栗子,想想都香。只是何必夏初呢?桐桐,等你寒假过来了,我们就去竹林里尝一尝这傍林鲜。

等到那时,若再来一场大雪,就真是天地造化了。

我盼着雪,也盼着你来。

此致

安康!

家智

大雪

四季游戏

春季的游戏

春天真短，我与孩子们迎春，也送春归去，当三春渐远的时候，无有悲伤，因为这个季节的美已经融入了我们的生命。对孩子而言，这个季节什么最美呢？曾点说，风乎舞雩；孔子曰，吾从点也；我信圣人言。

我陪孩子在水畔讲读《诗经》，指点先人的生活；也陪他们在山间举行一场春宴，盘中蔬食皆是野花野草，是最原始的自然味道；我们还在草木间讲汉字，看一棵草的样子，看一条鱼的形态，识字可以是一件很美好的事情。

一、笔落草木生

笔落草木生的游戏可以让孩子们了解汉字的源流，从天地初始到仓颉造字，从甲骨文到小篆，从竹简书卷到鸟兽草木……上课地点在天地之间，上课的教材是天地万物，和孩子们一起观察一只虫子的爬行，等候一朵花绽放的瞬间，寻一条水的源头，也研究山脉的走向，最终，这些景致都会变幻成汉字，写在卡片上。

*

笔落草木生

在这个游戏里，你将有一个小挑战：仿照照片制作几张美美的汉字卡片，并到自然中去寻找对应的植物。

在这之前，你需要学习一点有趣的汉字知识。

挑五个常见的植物汉字，列出从甲骨文到简化字的演变过程，如下图所示：

甲骨文	金文	小篆	楷体

二、留住春天的手工

春天是踏青的时节。我们珍惜春光的办法，就是走进春光，去玩耍，去尽情感受，莫要错过花开。我们也可以通过游戏，将花草间的春光封存在纸中制作花草纸。

“浣花笺纸桃花色”，前有薛涛以花瓣色泽入笺，我们则以构树皮和当季花草结合。

材料如下：

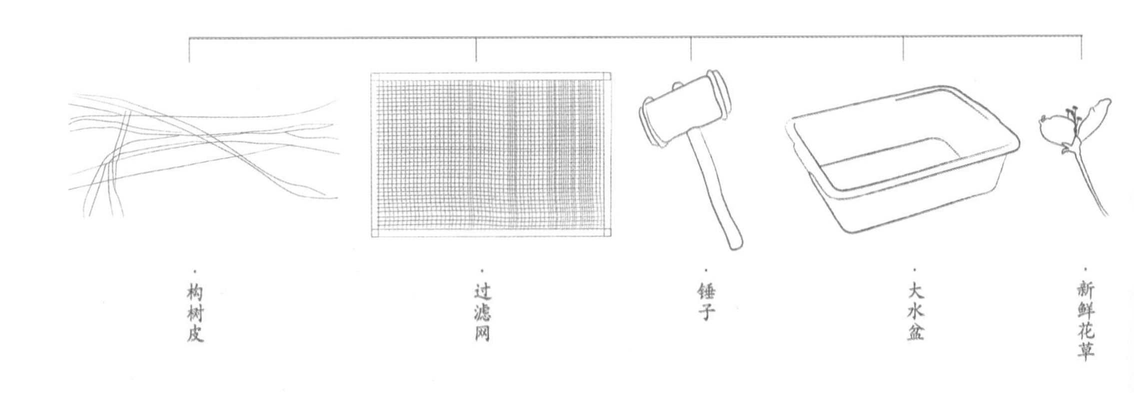

*

做花草纸的方法

① 树皮需不停捶打成饼状，把纤维表面的胶质物打掉，然后将捶打好的树皮放入有过滤作用的小盆里进行淘絮，洗掉捶打出来的胶质物，用手指搅开成团的树皮，化成絮状的纸浆（这步也可以直接用纸浆代替：先将适量废纸撕成小片，提前浸泡使其变软，然后放入榨汁机搅碎成纸浆）。

② 用过滤网抄纸，注意纸浆不要铺得太厚。

③ 将花草随喜好做摆放上做出造型，之后再舀出纸浆，在花草上覆盖薄薄的一层，将花草封存在纸张中。

④ 滤干之后放太阳下晒干，最后小心地揭下，这样就将斑斓的鲜花草叶封存在绵薄的纸中了。

抄纸

摆花

晒干

夏季的游戏

一、荷叶盏

夏日时节，遇见一池荷花是件快事。荷花可把玩，可观赏，可插花，荷叶可挡阳，可遮雨，可做茶，莲蓬可剥食，哪有植物这么像荷花带有人气且可亲的呢？

盛夏日中酷热难当，早晚却颇为凉爽。夏令营下午下课的时候或是野炊那天，我们就会带着孩子们沿田埂边摘荷叶，用摘好的荷叶做杯盏。荷叶盏，这三个字便已经带有凉意，清冽淡雅。

*

做荷叶盏的方法

---

① 取来带茎荷叶后轻轻刺穿荷心与茎相连的那一小片叶面，使刺孔与空心的荷茎相连。

② 将荷叶中贮满清泉，再将荷茎弯成象鼻状吮吸。

当然也可以使荷叶保持完整，把荷茎直接摘下来当吸管用。荷茎如莲藕般有好多小孔，中空，用来当吸管，干净又带有荷香。古人早已有此风雅的饮酒方式，称“碧筒饮”，为消夏的绝好生活方式。

二、《诗经》里的自然游戏

《诗经》里住着许多的植物和昆虫，到自然中去吧，能触碰到诗里描写的真实的生命；在读诗的时候，能知道自己吟咏的是什么物种。

在自然里，这些古老的文字不再佶屈聱牙，而是一丛丛草木、一只只水鸟、一声声虫子的吟唱。去认识更多的世间物，做一个广博的人。

*

变成一个《诗经》鸟类侦探

和孩子一起读诗经，寻找其中鸟类的名字，同孩子一起在网上找到对应的鸟类照片和相关知识，附上摘录下的诗后，一起整理成专属你们的《诗经》鸟类指南，然后带着它到自然中去吧。

郊外的山上、树林里、湿地公园中是发现鸟类的绝佳地点。

· 留意观察鸟体型的大小、羽毛的颜色、喙和脚爪的大小和形状；

· 观察它们所在的地点：在空中？在水中？在树上还是在地上；

· 观察它们的行为：安静地站在枝头还是在跳来跳去？是在找吃的还是在唱歌？是独自呆着，还是一群同类的鸟在一起；

· 倾听它们的叫声：清脆还是低沉？短促还是连续。

· 把你看到的都画下来或记录下来吧，然在你的指南中寻找它，有些鸟儿长得很像，所以刚开始你会觉得有点难，不过等你经验越来越丰富，你就会越来越得心应手。

掌握了这个方法，你还可以：

变成一个《诗经》植物侦探；

变成一个《诗经》昆虫侦探。

材料：

自制的《诗经》鸟类指南

一副望远镜

一本鸟类鉴别指南

一本笔记本

一支笔

提示：

任何观察都要时刻注意安全；

不要惊扰或破坏你观察的对象；

昆虫观察时可以准备诱虫灯、幕和手电，在森林里做一次昆虫诱，来一场昆虫夜探。

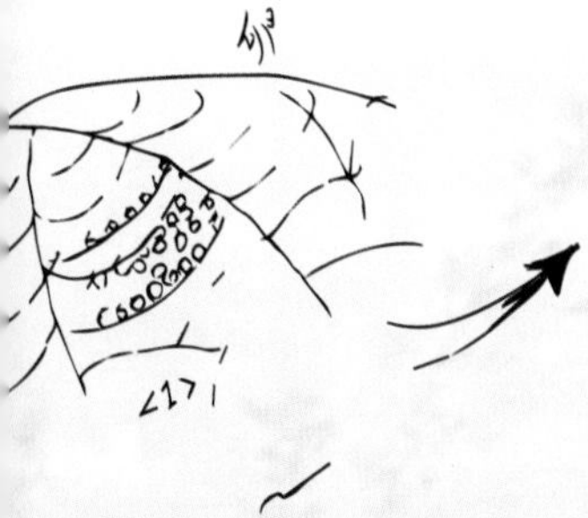

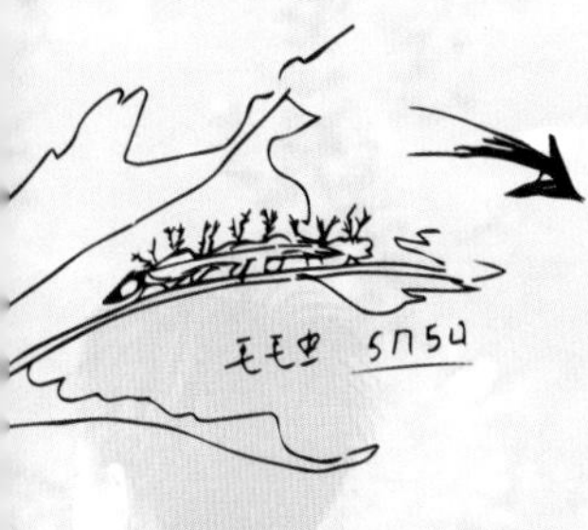

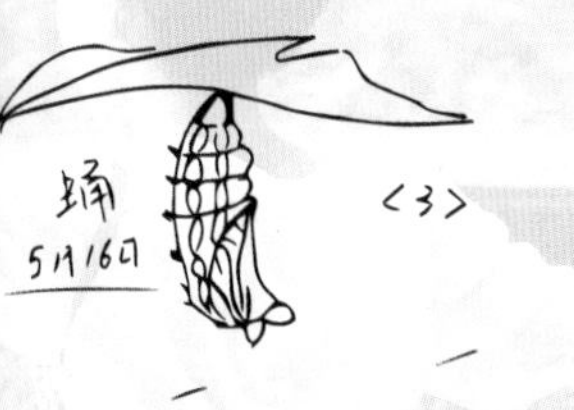

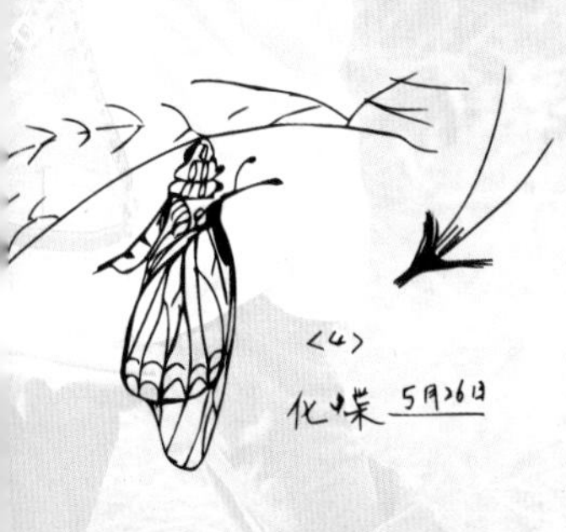

三、夏虫书

夏始，百虫横行，我们去山里认识各种昆虫吧！

箭环蝶、紫茎甲、巨圆臀大蜓……这些小生灵们久居山谷，我们去到山间拜访它们，也在自然里学习真正的自然知识。在这里看见的每一只虫子的跳跃，听见的每一声虫子的鸣唱，都将汇聚在脑海里，成为童年的一部分。

*

制作夏虫书

学习一种最优雅的夏虫记录方法：

在折页里，或于斗方之上，或在折扇之中，绘出夏虫的姿态，辅以几句文字描写，加上不同字体绘制而成的百虫中文名录，可做观察笔记保存，可为家中装饰，可做用件随身携带。

<2>

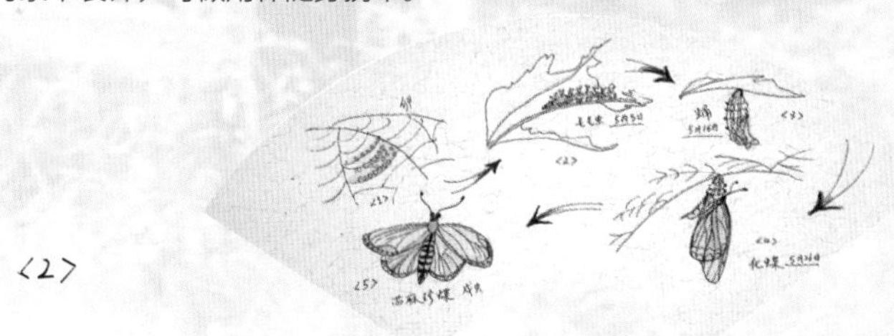

秋季的游戏

一、百果箱

最美的秋光，植物是最后的繁盛，我们深入其中，去感受一草一木的清新香气，收藏自然的美。将果子装进盒子，就是自然搭配的便当，红红火火花花绿绿，我们把这一年的生命留下，细致观察，记录自然笔记，帮孩子们与自然建立对接。

二、种子手串

深秋，叶尽，西湖边马褂木的树冠变黄了，人行道上飘落下栾树的果实。空闲的日子里上山转悠，口袋里很快就装满了各种各样壳斗科植物的种子：青冈、麻栎、板栗、花榈木、薏苡…… 这是一个属于种子的季节：晴窗对雪，是南天竹红果的影子；寒冬振翅，是槭树在江南的样子。南酸枣可以串在手上，成了五眼六通；橡子是松树的食粮，也藏着江南的古老味道。

我们去捡拾果子，洗净，风干，打孔，做成手串，把一整个江南都带回了家。

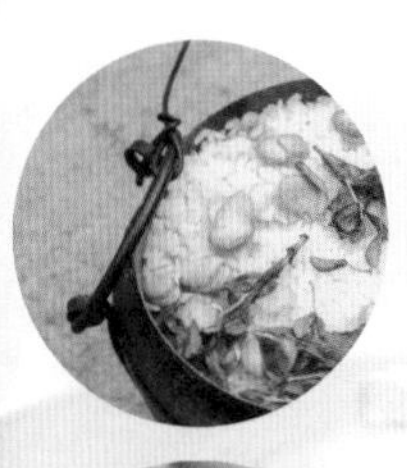

三、野宴

我们与自然的连接，许多时候是在食物上完成的。我们去田野采新，乌饭叶、新结的瓜豆，都是天地对人类的馈赠。每一种食物都有名字，也都有自己演化的历史与故事，透过它们，我们想让孩子们看见周秦汉唐，看见鸟兽草木。

野火烹野食，孩子们要学会从无到有。小组任务分工，有的钻木取火，有的捡柴分类，有的摘菜洗菜，有的搭建灶台。生活就是如此，孩子们自己一点一滴地浸润、感受、体验。

我们的野宴也会随时令而走，春天的菜单里有野茶春笋、薤白炒蛋、咸肉炒水芹，夏天有乌米饭、紫藤花炒蛋、竹叶鸡，秋天烤板栗、做番薯窑，冬天焖一只黄泥叫花鸡，草木的美好，我们也都可以吃进肚子里去。

我迷失在林子里，像饿极了的松鼠，从一棵树下到另一棵树下，欢快地捡拾着落地的橡子。

冬季的游戏

一、雪夜冰灯

我们以前住的老房子都是白墙黛瓦，是江南山区典型的房屋制式。逢着冬雨，白日里，流水从瓦沟流下，在墙角汇聚成凹;到了寒夜，冻水成冰，屋檐上挂满晶莹的冰溜子，一条条地倒悬着，如竹笔起落，历历成画。

冬令营的时候下了好大好大的雪，孩子们都高兴坏了。晚上我们就用现成的材料，拿两个大小不一的杯子叠在一起，在两个杯子的空隙处注满水，将南天竺的果子和蕨类叶子镶嵌进去，第二天一早起来就成了一盏江南的冰灯。

那个夜晚，山谷里亮满含着花草的冰灯，烛火闪耀，梦见童年。

二、建造竹屋

江南有竹，是江南人的幸运，竹笋可食，竹枝可捆扫帚，竹竿则可以制作从筷子到竹篓、竹篮、竹筒、竹筒等几乎所有生活用品，千变万化的竹子，是大自然丰富多彩的缩影。

古人来之安之，就地取材，夯土、竹子、稻草、贝壳，皆可做屋。这一次的竹屋，不用一颗钉子，不依仗任何化学粘合剂，仅仅是竹子、麻绳、稻草三样简单的物品，就能拔地而起。

搭建竹屋是一个人与万物交融的过程，涉及物理、化学、建筑、设计、艺术等多个学科。从最初的建筑演变史、空间概念，到地基、打桩、找水平，再到搭建平台、墙面，我们重复着抬起、弯折、捆绑的动作，读懂了竹的语言；在绑扎屋顶、做竹梯中领悟到了竹的脾性；做竹屋的门窗、内饰设计的时候习得了竹的风韵。华屋在竹海间落成，燕饮歌庆，那是孩子们对竹屋永远的纪念。

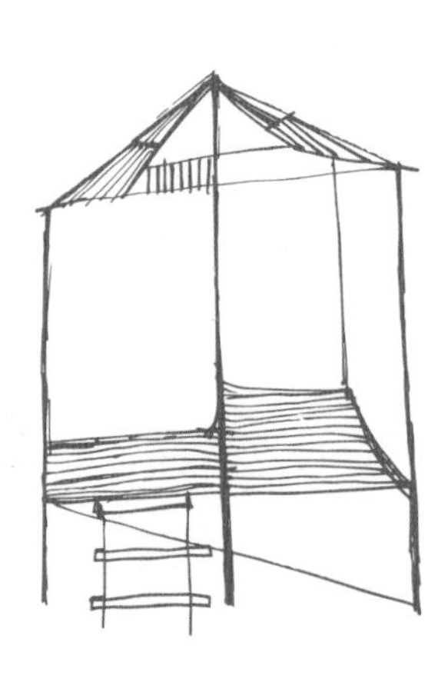

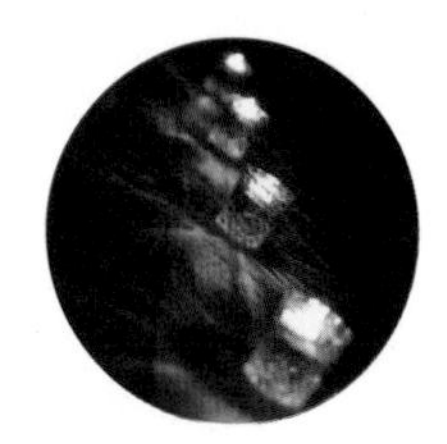

这是多素洁的世界，万物皆琉璃。
桐桐，你应该来这里，能感受到冷，
也看得见光，能在天地间尖叫、打滚，
该多美好。

监　　制　　萧　喆
项目策划　　甄　珍
项目统筹　　严晶晶　罗　肖
运营总监　　严晶晶
特约插画　　白弯弯　代承谦　Jota
装帧设计　　向　婷
摄　　影　　刘　三